「超」入門 微分積分

学校では教えてくれない「考え方のコツ」

神永正博　著

ブルーバックス

装幀／芦澤泰偉・児崎雅淑
カバー写真／神永正博
もくじ・本文デザイン・図版／フレア

はじめに

　本書はタイトルどおり、微積分の入門書です。入門書ですが、意外と高いところまで登ります。
　と、いうことは……
「まずは紙と鉛筆を用意しないといけないのかな？」
と思われるかもしれませんが、さにあらず。紙と鉛筆はいりません。本書は、「読む」入門書です。リラックスした気持ちで読んでくださいね。

　微積分と聞くと、どんなイメージを持たれるでしょう。面倒な計算を思い浮かべる人も多いのではないでしょうか。学校のテストでは、ちょっと計算を間違えただけでも大きく減点され、痛い目に遭う——そうしたイメージが刷り込まれているかもしれません。

微積分のポイントは、もちろん「暗記と計算」でしょ？　公式を暗記して計算して答えが出てくれば、それでOKってことじゃないの？

　おや、この女性は、「微積分の問題なんか、公式を暗記して当てはめればOK！」という考えを持っているようですね。受験や定期テストにおいては、要領よくやれる人物の典型です。一方で、

はじめに

ハッキリ言って、モノ作りで微積分を使うだけなら、難しい計算はやらんでも何とかなる。優秀な数値計算ソフトがあるからな。

　この博士のように、別の意味で過激な意見の人もいます。彼のようなタイプは、学校では疎まれるでしょうが、社会においては図太く生きていけそうですね。
　本書は、博士の立場で書かれています。計算できないよりはできたほうがいいでしょうが、最初にやるべきことは他にあると思うからです。

　数学者は数学が抜群に得意な人たちですから、計算も大得意なのでしょうか？　いえ、そうとはかぎりません。数学者って案外、単純な計算ミスをすることが多いですし、考え違いをすることもよくあるのです。
　ぐにゃぐにゃの図形を研究する位相幾何学を構築して現代に名を残す天才数学者アンリ・ポアンカレは、間違いを多発することで有名でした。論文でも、あちこち間違っていたとのこと。
　でも、考え方の筋道は、本質的に正しかったのです。考え方の筋道さえ正しければ、ちょっとした間違いは致命傷なんかじゃないのです。学校では計算が合っているかどうかで成績がつけられてしまいますが、それは考え方で点数をつけるのが難しいからなんです。
　私は南の国が好きで、2010年度はインドで過ごしまし

た。チェンナイ（旧マドラス）にある数理科学研究所で研究させていただいたのですが、インドという国だけでなく、インド人の研究の仕方にも魅了されました。

　中でも驚かされたのは、彼らがあまり計算をしないことです。もちろん、まったくしないわけではありませんが、それよりも考える時間が長い。紙がもったいないからなのかと思うほど。「紙と鉛筆さえあれば研究できる」とは数学者の常套句ですが、インド人なら「肝心の頭がないじゃないか」と笑うかもしれません。数学の研究に使うのは頭だ、ということを思い知る出来事でした。

　インド人数学者たちは、頭の中で計算しているのでしょうか？　なにしろ20×20までの九九（九九じゃないけど（笑））を暗唱できる人たちです。そのくらいのことやってのけるんじゃないの……なんて思うかもしれませんね。

　でも、そんなことはありません。彼らは、イメージで考えているのです。最終的に計算する前に、イメージで考え、正しい道を探ります。この段階がとても大事なのです。ここで正しい道筋をつかめば、計算は何とかなることが多いのです。

　本書では、微積分の本質＝「考え方のコツ」を重視しています。たとえば、第1章では積分記号はほとんど出てこないので、これで本当に理解できるのかな、と心配になるかもしれません。しかし、第1章で微積分の本質に触れておけば、第2章以降で登場するさまざまな公式や数式が、意外なほどするすると理解できるはずです。

　ちょっと硬い話になりますが、微積分の本質は、方法論

はじめに

にあります。ようするに、考え方の「コツ」をつかんでしまえば、複雑な数式の意味も理解できるようになります。そうなればしめたもので、後は必要に応じて技術を身につけていけばいいのです。反対に、「コツ」をつかまずに技術から入ろうとすれば、微積分の勉強は砂を嚙むような苦行になってしまうでしょう。

　計算がほんの少しわからなくなっても、気にする必要はありません。最初から全部わからなくても大丈夫。リラックスして、のんびり微積分の本質に迫っていきましょう。

もくじ

はじめに ……………………………………………………………… 3

第1章 積分とはどういうことか

積分の存在意義 …………………………………………………… 12

応用のための基本　12

すべての図形は長方形に通ず　15

近似という方法　17

和をもってインテグラルとなす　22

「真の値に近づく」とは　27

2つの思考実験 …………………………………………………… 30

楕円の面積　30

地球の体積　34

切り口を見よ ……………………………………………………… 41

カヴァリエリの原理　41

3分の1の原理　44

円錐の体積　52

球の体積　55

もくじ

　　　球の表面積　　61
感覚と論理 …………………………………………………………66
　　　中学入試問題に積分を見る　　66
　　　小学生風にトーラス体の体積を求める　　74
　　　ドーナツをヘビにする法　　76
　　　パップス・ギュルダンの定理　　80

第2章　微分とはどういうことか

微分の存在意義 ……………………………………………………86
　　　ダイヤモンドの価格を分析する　　86
　　　「指数を前に出せ」の理由　　94
　　　積の微分公式　　102
　　　未知から既知へ　　104
　　　商の微分公式　　107
　　　べき乗の微分公式をさらに拡張する　　109
さまざまな関数たち ………………………………………………113
　　　山と渓谷　　113
　　　接線を知る　　116

増減表からグラフを描く　　120

　　　最大値と最小値、極大値と極小値　　124

　　　グラフを手描きする意味　　125

　　　踊り場のある関数　　127

微分は下心をもってせよ ……………………………………… 135

　　　夢のアイスクリームコーン　　135

　　　無視する／しないの境界線　　144

第3章　微積分の可能性を探る

1800年目の真実 ……………………………………………… 148

　　　反軍隊式勉強法　　148

　　　偉大な発見は未来の当たり前になる　　150

　　　基本定理の使い方　　159

穴を埋める ……………………………………………………… 169

　　　ネイピア数はどこから来たのか　　169

　　　限りなく真に近い値　　172

　　　鍵はルートにあり　　175

　　　逆転の発想はうまくいくか!?　　178

もくじ

　　指数関数、現る　　184

　　ハッキリさせよう　　188

　　微分しても変わらない、たった1つの関数　　191

曲がりなりにも 194

　　曲線の長さを測る　　194

　　カテナリーの爽快な公式　　197

　　ネックレスの長さを検証する　　204

微積分の正体 210

　　微分可能性とは何か　　210

　　微分をめぐる冒険　　213

　　近似と無視　　216

おわりに 218
巻末注 220
さくいん 224

第1章

積分とは どういうことか

第1章 積分とはどういうことか

積分の存在意義

応用のための基本

ふつう、微分から始めるんじゃないの？
どうして積分からなのよ。

ずばり、積分のほうが「絵になる」からだ。
積分は、面積や体積を求めるのが基本だから、イメージしやすいんだ。

　小学校で習った図形の面積や体積の計算。これらは、じつは積分の世界と地続きである。私たちは高校で突然、積分に出会ったのではなく、初等教育で入念にウォーミングアップした後で、より高度な積分へと取りかかっていることになる。

　これに対して、微分はほとんどの人にとって馴染みがない。微分といえば、「接線の傾き」、「瞬間の速度」、「加速度」という話になってしまい、どうしてもわかりづらい。目で見ることができないし、感覚的に把握するのも難しいものばかりだ。

　歴史的に見ても、微分より積分のほうがずっと前に出現している。

　積分法のルーツは、「図形の大きさを測ること」にある。

積分の存在意義

昔から語り継がれてきた、長さ、面積、体積の計算をするための技術が、さまざまな人の叡智で磨き上げられ、現在の積分法にまで進歩した。

記録をたどると、その誕生は紀元前1800年くらいまで遡れるらしい。現代の積分法の原理にかなり近い「取り尽くし法」と呼ばれる手法を使って、放物線と直線で囲まれる図形の面積を求めてみせたアルキメデスまで下ってきたとしても、紀元前200年代である[*1]。積分の歴史の長さがうかがえる。

一方で、インドのバースカラ2世が微分法の先駆けとなる手法を考案したのは12世紀、ニュートンが微分法と積分法を統合し、天体の運動を万有引力の法則から導いてみせたのは、17世紀に入ってからの話だ。

つまり、積分の登場から微分が生み出されるまでに、少なく見積もっても1300年という長大な時間が必要だったのだ。

そもそも、どうして積分なんかするのかしらね。

長さ、面積、体積を測れるのは、積分法があってこそ。我々の身の回りで、面積や体積を簡単に割り出せるモノって、意外と少ないんだよね。

第1章 積分とはどういうことか

　積分が早くに生み出された理由は、平面図形の面積や立体の体積のように、目に見えるものを扱ううえで必要性が高かったからではないかと思われる。

　私たちは初等教育において、長方形や円のように整った形ばかり教わってきたが、その知識がダイレクトに役立つ場面はそう多くない。

　なぜなら、博士の言うように、現実世界は学校で習うような形ばかりではないからだ。むしろ、実際はきれいに整った形のほうが例外だ、と言ってもよいくらいである。だから、そうしたさまざまな形の図形の大きさを測る技術が必要なのだ。

　小学校の家庭科の授業では、うどんの打ち方や粉ふきイモの作り方など、非常にシンプルな調理法を習う。理由は、それらが基本だからだろう。実際に自分で料理するようになると、うどんは店で買ってくるし、粉ふきイモも頻繁には作らなくなるかもしれない。しかし、基本を知っていれば、うどんの知識がパンやピザ、パスタに応用できるし、粉ふきイモからポテトサラダやコロッケに展開できる。

　小中学校で学ぶ長方形や円が、うどんや粉ふきイモだとすれば、微積分は、パンやポテトサラダのような応用料理だ。積分法が考えだされたおかげで、いろいろな形の面積や体積を計算することができるようになった。どんなに変わった形でも、あれこれ工夫すれば計算できる、というのは劇的な進歩である。

　考え方を応用して、面積・体積を自力で導けるようにな

ること。これこそが積分の醍醐味であり、積分を学ぶ意義である。

すべての図形は長方形に通ず

> **積分のコツ**
> 長方形をベースに考える

　図形は数々あるけれど、もっとも簡単に面積が出せるものと言えば「長方形」である。

　小学校で、はじめて面積の出し方を習ったときのことを覚えているだろうか。ひし形、平行四辺形、三角形、台形、円の面積などを計算するのは、長方形よりも後だったのではないかと思う。長方形は、タテ×ヨコだけで計算できる、もっともシンプルな図形なのだ。ちなみに数学の世界では、正方形は「長方形の特殊な形」だと考えられている。

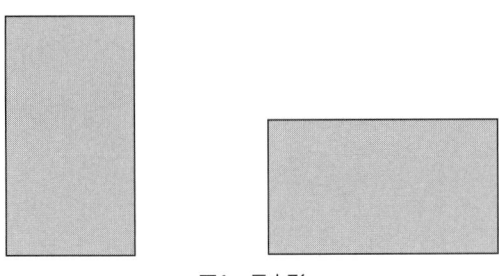

図1　長方形

第1章 積分とはどういうことか

　長方形の面積の出し方がわかってしまえば、三角形の面積へと発展させることができる。逆に言えば、長方形の面積の出し方がわからないと、三角形の面積も計算できない。

　なぜなら、三角形の面積は、
「底辺を一辺とする長方形の面積を、半分にしたもの」
だと考えられるからだ。**図2**を見ると、三角形の面積は長方形のちょうど半分、つまり「底辺×高さ÷2」であるということがわかる。

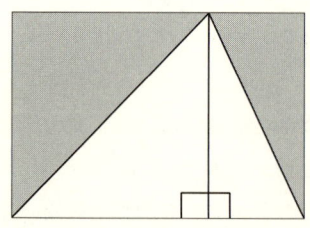

図2　三角形の面積は長方形の半分

　平行四辺形はどうだろうか。これは、
「一辺が底辺となる三角形が、2つ合わさってできた図形」
というふうに考える。

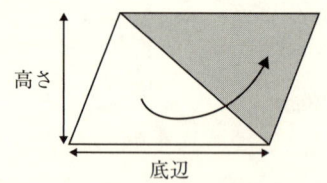

図3　平行四辺形の面積は三角形の2倍

台形の面積はどうか。これは、平行四辺形の半分だ。なぜなら、**図4**のように、同じ台形を2つ並べたものは、平行四辺形になるから。というわけで、台形も、長方形をもとにして計算する。「(上底＋下底)×高さ÷2」である。

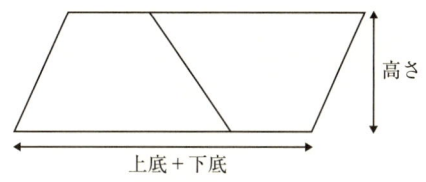

図4　台形の面積は平行四辺形の半分

三角形、平行四辺形に台形。一見バラバラな図形に見えるけれど、面積の公式は、どれも長方形の面積がベースになっている。

近似という方法

> **積分のコツ**
> 図形を、小さな長方形の集まりだと考える

小学校の算数で、こんなことをやらなかっただろうか。方眼紙の上に、コンパスで円を描く。たとえば**図5**のような円だ。

そのうえで、この円の中にある四角い方眼の個数を数える。さらに、いろいろな大きさの円を描いては、それぞれの方眼の数を数えていく——。

この作業は、円の面積の公式につながっている。円の公

第1章 積分とはどういうことか

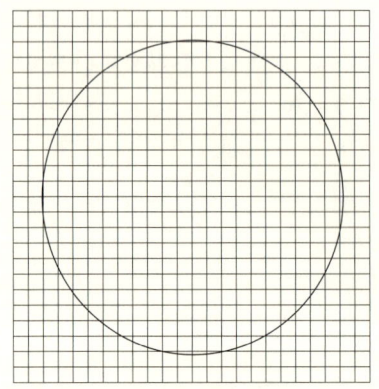
図5 円の面積の計算

式といえば、「半径 × 半径 × 3.14」だが、この円周率（3.14）を導くために、「実際に方眼を数えてみよう」という教え方があるのだ。

というわけで、ここからは小学生になった気分で実験をしてみよう。

図6は、半径2cmの円の中の方眼（この場合は1mm四方のマス目）の個数を数えてみたものだ[*2]。いい加減な区切り方だが、小学生がやったらこんな感じになると思う。

方眼の個数はと言えば、全部で1189個だった。面積で表すと、$11.89\,\text{cm}^2$である。

円の面積は「半径 × 半径 × 円周率」だ。この実験では円周率を求めたいので、式を変形して、「円周率 = 面積 ÷（半径 × 半径）」として計算してみよう。この例では半径2なので、その2乗の4で割ってみると、円周率は

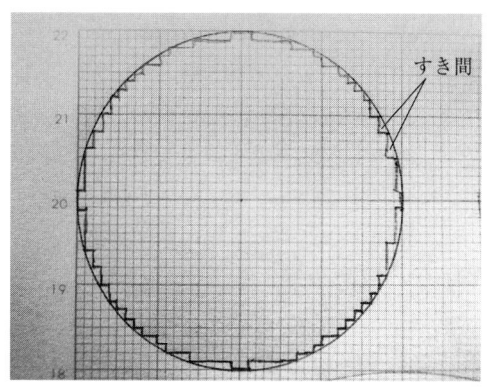

図6 方眼実験！　ちょっと不正確だけど

2.9725 という結果になった。

うーん、3.14と比べると小さすぎる。ちょっと残念だが、実験とはこういうものだ。これでも、「円周率、つまりπは、ざっくり3に近い数字になりそうだ」という感触はわかる。

さらに方眼を細かくするか、円を大きくしていくと、方眼の面積の合計は、円の面積の公式「半径×半径×3.14」の数字に近いものになっていく。つまり、円周率

$$\frac{\text{方眼1個の面積} \times \text{方眼の数}}{\text{半径}^2}$$

は、もう少し3.14に近い数字になる。このように、円の面積を方眼のマス目の数に置き換えることで、求めたい値にどんどん近づけていくことを「近似」という。私も小学

第1章　積分とはどういうことか

生のときに実験してみたのだが、方眼を一生懸命数えて納得したときの安堵感は、数十年経った今でもよく覚えている。

ちなみに、中には次のような疑問を持つ人がいるかもしれない。

方眼に、どうしても四角にならないすき間ができているわよね。これは、どうすればいいのかしら。

すき間が気にならないくらい、どんどん細かくしていっちゃえば？

博士の答え方は、教師の常套手段だけれど、少々ごまかしを含んでいる。というのは、さらに次のような疑問が考えられるからだ。
「すき間が気にならないくらい」とは、具体的にどういうことなのか？　気になろうがなるまいが、どうせすき間があることには変わりないのではあるまいか？

これらは一見つまらない問いに思えるけれども、高等数学的にはデリケートな問題を含んでいる。結論から言えば、疑問を解決するためには、図形を内側と外側から近似する「はさみうちの原理」を使って議論する必要がある。つまり、ここでは、「円の内側の方眼」を数えたが、同じように「円からはみ出している方眼」も数に含めて円周率

20

を計算すれば、

> 内側の方眼を数えて計算した円周率 < ホントの円周率 < 円からはみ出した方眼も数えて計算した円周率

ということになる。方眼の大きさを小さくしていけば、「内側の方眼を数えて計算した円周率」と「円からはみ出した方眼も数えて計算した円周率」はどんどん近づいていく。それぞれが、ホントの円周率に近づいていくのだ。これが「はさみうちの原理」である。

もし、はさみうちの原理に興味のある方がいらっしゃれば、たとえば『微積分に強くなる』(柴田敏男著／講談社ブルーバックス)のような本を読むと、やや専門的な知見を得ることができるだろう。

それはさておき、微積分においては、細かいことを気にしない精神も重要だ。

図7　円を細かい方眼の集まりで近似する

図7は、円を小さな方眼で近似したものである。左は粗く、右は細かい。「大ざっぱな図形を細かくしていけば、本物（の円）とあまり変わらない」ことがわかるだろう。十分精度の高いギザギザ図形は、なめらかな図形と見分けがつかないのだ。

　テレビやパソコンの液晶ディスプレイも、この原理で画像を表示している。液晶ディスプレイの画像は、実際にはギザギザな形である。だが、あまりにも細かいギザギザなので、私たちの目には、なめらかな線のように見えるというわけだ。

　言ってみれば、本物の円は、無限に細かい方眼でつくったギザギザ図形、すなわちギザギザ図形の「極限」だと考えられる。数学において、近似とは、とんでもなく都合のよい「方法」である。

　もし、なめらかな線を完璧に再現しなければいけない、と考えたら、液晶ディスプレイは誕生しなかっただろう。あえて完璧を目指さない、近似という方法のおかげで、画期的な技術が生み出されたのである。

和をもってインテグラルとなす

　円の面積を出すために、小学校では「正方形」で区切った。その理由はじつに単純。「方眼紙のマス目が正方形だから」というだけである。

　円の面積を求めるためには、とにかく円を細かく区切るのがコツ。ということは、区切る形は正方形に限らないは

積分の存在意義

ずだ。そこで、円を「細長い短冊」に切って、面積を求めることにしよう。たとえば、**図8**のように、円を細長い短冊＝長方形の集まりに区切ってみる。

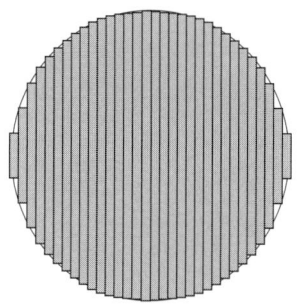

図8　円を長方形に区切る

さっきから面積ばっかり計算してるけど、これってホントに微積分と関係あるの？積分の記号とか、全然出てこないけど。

「面積を出すことそのものが積分だ」って言わなかったっけ？　やっていることの意味を知らずして、記号だけ暗記しても意味ないぞ！

とはいえ、せっかくなので、そろそろ積分の記号を使ってみよう。ここからは数式が登場するけれど、今まで話したことと内容はまったく同じなので、楽な気分で読んでほしい。業界人が業界用語を使って話をするのと同じように、数学も記号を使うと、同じ内容でも立派に見えてく

る、という程度のことだから。

　図9は、「円をものすごく狭い幅の短冊にカットしたところ」である。水平方向には、x軸が取られている。このとき、円の切り口とx軸は、ちょうど垂直の関係だ。

　そのうえで、幅Δxの細い短冊を1本、取り出してみる。Δはギリシャ文字でデルタと読むが、差（difference）を表す記号で、非常に小さい値を表している。

　この短冊の面積を数式で表してみよう。

$$\text{短冊の面積} = x\text{での短冊の長さ} \times \Delta x$$

　なぜ短冊の面積など出すのかといえば、ここから円の面積を計算するからだ。これらの細い短冊の面積を足し合わせることで、円の面積になる。具体的には、短冊の左はし（のx座標）から右はし（のx座標）まで、すべて合計すればよい。

　ここで、短冊の幅をどんどん狭くしていって、もうこれ以上区切れませんというほど、限界まで細くしていく。すると、短冊は長方形というより、むしろ「1本の糸」のように見えてくるはずだ。それら無数の「糸」を合計したものは、どんどん「ほんとうの円の面積」に近づいていく。それを積分の記号で、次のように書く。

$$\int_{\text{左はし}}^{\text{右はし}} x\text{での短冊の長さ}\, dx$$

(その1)
円をものすごく狭い幅の短冊にカットする！

左はし　　　　　　　　右はし

(その2)
短冊の面積は、 xでの短冊の長さ × Δx

xでの短冊の長さ

(その3)
短冊の面積を左はしから右はしまで合計！

幅 Δx

$$円の面積 = \int_{左はし}^{右はし} (x での短冊の長さ)\, dx$$

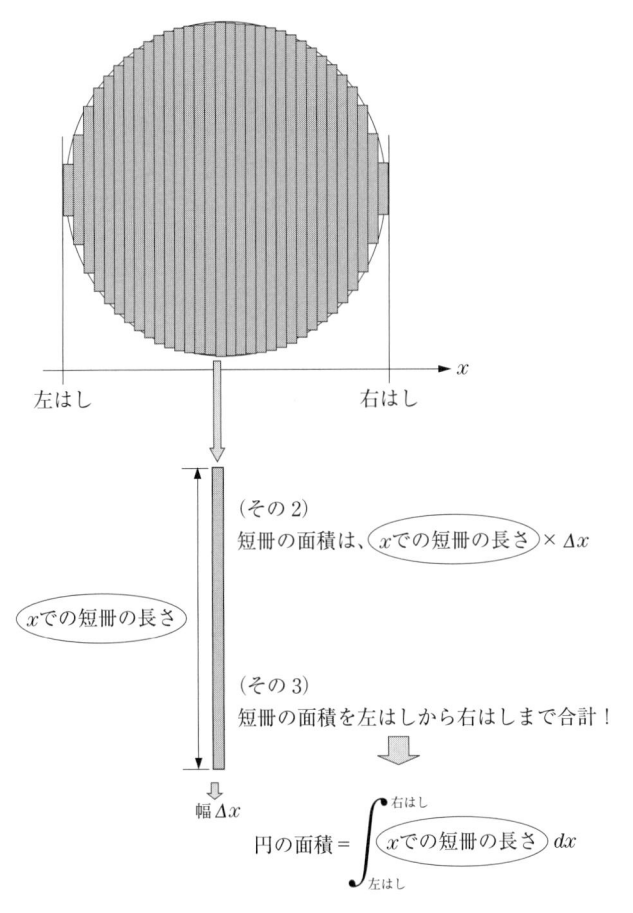

図9　円の面積を積分記号で書くと……

第1章　積分とはどういうことか

　アルファベットのSをタテに引き伸ばしたような記号は、「インテグラル」と読む。積分とは、もともとは「和」のことだ。そこで、和を意味するラテン語 Summa の頭文字を取って、Sとしたと言われている。ライプニッツという数学者（兼哲学者）が考案した。

最初は Δx だった記号が、いつの間にか dx に変わってるわね。この2つは意味が違うの？

そう。ちょっと細かいけど、dx ってのは、いわば「幅 Δx を0に近づけたもの」を表してるんだよね。

　三角デルタ（Δ）と d について、少々付け加えよう。

　Δ も d も、どちらも「差＝difference」から生まれた記号だ。2つの違いは、Δ のうちは「近似値」だが、英語小文字の d になったら「真の値」であるということ。

　真の値というのは、たとえば円周率 π なら、3.14 は近似値で、3.141592653589793238462643383279……と無限に続くものが、円周率の「真の値」である。近似値は、どこかで必ず正しくなくなってしまうが、真の値は「どこまでいっても正しいまま」なのだ。

　だから、dx というのは、「もとは Δx という幅のある短冊で計算していたものを、0に近づけて真の値にしたもの」という意味だと思ってほしい。

積分の存在意義

まとめると、三角デルタ（Δ）と英語小文字のdはそれぞれ、次のようなときに使う。

> 三角デルタ（Δ）——幅がある（0よりも大きい）ときに
> 英語小文字のd——幅を0に近づけて計算していったときの究極の値に対して

なお、微積分にはさまざまな数式や記号が登場するが、初めから完璧に理解しておかなくてかまわない。Δとdの違いについても、同様である。

「真の値に近づく」とは

短冊の幅Δxを0に近づけることで、「真の値」に近づいていくのだとしたら、この目で確認してみたいものだわ。

もっともなリクエストだな。
やってみるか。

短冊の幅をだんだん細くしていきながら、円の面積を出してみよう。あとで計算しやすいように、半径を1cmとした円を考えてみる（**図10**）。この円の内側に短冊を並べて、合計の面積を計算したらどうだろうか。

第1章 積分とはどういうことか

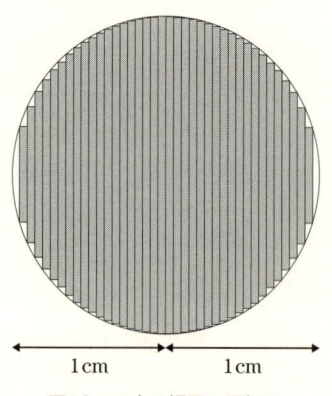

図10 N本の短冊に区切る

ここで、短冊の本数を N とする。直径2（直径は、半径1の2倍だから2）を、短冊の本数（N）で割れば、1本の短冊の幅 Δx が出る。つまり、Δx は、$\dfrac{2}{N}$ になる。

幅 Δx の短冊の面積をすべて足したものは、短冊の本数（N）が増えるとともに、どう変わっていくのか、実際に確認してみたい。いちいち手で計算するのは大変だが、コンピュータを使えば一発だ。結果は**表1**である。

表1 短冊の本数（N）と短冊の面積の合計

N	合計
10	2.637049
20	2.904518
40	3.028465
200	3.120417
2000	3.139555
20000	3.141391

表1では、短冊の本数が10本のときから始まって、20000本まで計算されている。本数（N）が20000本のとき、1本の短冊の幅 Δx は、半径の1万分の1、わずか0.0001cmである。

気になる結果だが、10本のときの面積は2.637049。3.14…とは似ても似つかない数字だ。短冊の本数が20000本になると、3.141391になる。短冊の本数が増えると、面積の合計は3.141592… = π に近づいていくことが実感できるだろう。

なお、短冊の幅が0.0001cmというのはかなり極細だが、これでも太いほうだ。実際に積分の計算をすると、0.0001cmよりもさらに細く、もっともっと0に近づけていくことになる。

2つの思考実験

楕円の面積

積分においては、ひたすら図形をスライスして足し合わせる。この方法の、いったい何がすごいのか？

それは、「どんなに複雑な図形の面積も、単純な図形の面積の和で表せる」ということだ。

円の仲間に、楕円がある。図11のような、円を一方向に伸ばした図形だ。

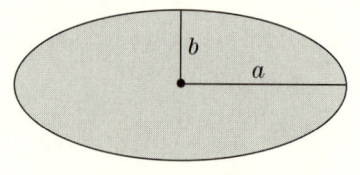

図11　楕円

図11ではヨコに伸びているが、もちろんタテに伸びていてもかまわない。

私たちの身の回りには、似たような図形がたくさんある。お皿やテーブル、あじさいの葉などの植物にも楕円に近いものがある（図12）。

こうした楕円の面積は、どのようにして計算するのだろうか。円とは違うし、長方形に当てはめても誤差が大きすぎる（図13）。

ひし形でもダメだし、三角形でもうまくいかないだろ

図12 楕円形のモノたち

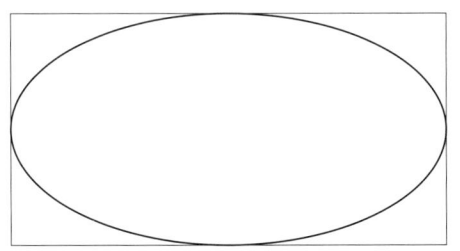

図13 1つの長方形で近似するのは無理ありすぎ

う。

楕円の面積の公式がほしい。長方形、三角形、ひし形、台形、円、そして楕円の面積の公式があれば、身の回りの多くの形の面積がざっくりわかるはずである。

じつは、楕円の面積を出すために特別な知識はいらない。重要なのは、円の面積のときと同じように、「積分的」な考え方をすることだ。

楕円の面積は、小中学校で教わらなかったと思うが、積分のトレーニングにぴったりである。どんな公式になるのか、思考実験してみよう。

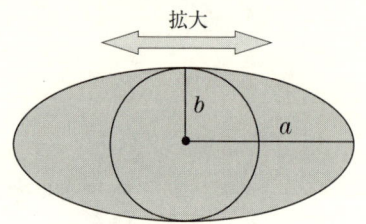

図14　円をヨコに伸ばした楕円

図14は、円をヨコに伸ばしたもの＝楕円だ。この楕円を、「タテに長い長方形」で区切ることを考える。

だが、単に「楕円を長方形で区切る」だけでは芸がない。

そこで、「円を長方形に区切っておいて、その円をヨコに伸ばす」ことにしよう。円をヨコに伸ばせば、区切られた長方形たちもまた、ヨコにびろーんと伸びるはずである。このほうが話が早い。

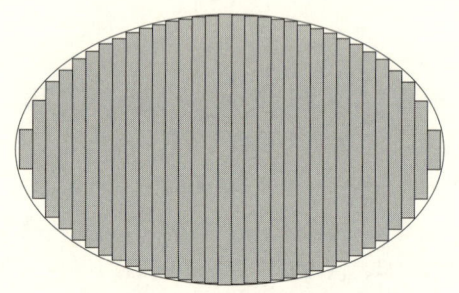

図15　円をヨコに拡大して楕円にする

長方形は、アコーディオンを広げたときのように、みんな揃ってヨコに伸びるはずだ（**図15**）。どのくらい伸びるのか、1つの長方形を取り出して見てみよう。

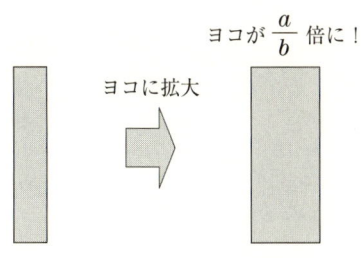

図16　長方形もヨコに拡大

すると、**図16**のように、タテの長さは変わらずに、ヨコの幅だけが $\frac{a}{b}$ 倍に広がっている。

このように、長方形がヨコに伸ばされたところをイメージすると、計算する取っかかりになる。つまり、「楕円の面積は、円の面積の何倍になるのだろうか」という問題に展開できるからだ。

楕円をスライスしてできた長方形を1つだけ見てみると、円をスライスしてできた長方形1つの面積の $\frac{a}{b}$ 倍になっているはず。ということは、「円を区切っていた長方形すべての面積が、楕円に伸ばされたことによって、$\frac{a}{b}$ 倍される」わけだ。

すると、$\frac{a}{b}$ 倍された長方形をすべて集めたものが楕円の面積なのだから、

$$楕円の面積 = 元の円の面積(\pi b^2) \times \frac{a}{b} = \pi ab$$

ということになる。

逆に考えれば、「a と b の長さが等しい場合は、円の面積の公式になる」ということもわかるだろう。

> **積分のコツ**
> 図形を長方形に分解してから、伸び縮みさせる

地球の体積

突然だが、地球の体積を知っているかね。

半径がわかってるんだから、球の体積の公式で計算したら？

ところが、地球の形は球ではないのである。地「球」という名前に反して。

地球の半径には、特別な呼び名がある。地球の中心から赤道までの距離を「長半径」、中心から北極（南極）までの距離を「短半径」という。その名のとおり、両者の半径

2つの思考実験

図17 地球は丸くなかった!?

の長さは異なっているのだ。詳しい測量によれば、長半径が約6378km、短半径が約6357km。20km余りも差がある。

地球は1日に1回転しているが、そのスピードたるや大変なもので、赤道では時速1700kmにも達し、音速の1.38倍という速さだ。

そんな猛スピードで回っている姿を想像してほしい。遠心力で、ちょっと横に広がってしまうのも無理はない、と思いませんか。

こうした形は、「回転楕円体」と呼ばれている。地球もそうだ。真上（真下）から見ると円に見えるのだが、真横から見ると楕円に見える。**図18**は、パッと見てわかりやすいように、ちょっと誇張して描いてある。

第1章 積分とはどういうことか

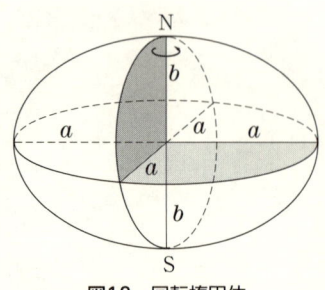

図18 回転楕円体

　回転楕円体の体積を求めるには、どのように考えればよいだろうか。ここでもまた、図形を区切るというスライス作戦が登場する。

　図19のように、ゆで卵をエッグスライサーで切るときのようなイメージだ。今回は回転楕円体をヨコに細かくスライスするので、切る方向が違うけれど、要領は同じである。

図19 エッグスライサー

　横にスライスした結果、回転楕円体は、薄い円板を重ねたような形になるだろう（38ページ**図20**）。

2つの思考実験

　回転楕円体の体積は、「薄い円板を積み重ねたもの」を元にして、計算することができそうだ。そこで、円板を積み重ねる方向を、x軸に取る。ここでは垂直方向だ。円板の切り口とx軸は、やはり垂直になる。円の面積を積分記号で表したときと同じだ。

　xにおいて、幅Δxの薄い円板を切り出してみよう。すると、この円板の体積は、

$$\text{円板の体積} = x\text{での断面積} \times \Delta x$$

という式で表すことができる。

　となれば、「たくさんの円板たちを、いちばん下（のx座標）から、いちばん上（のx座標）まで全部足し合わせると、その合計が回転楕円体の体積になる」はずである。

　この回転楕円体の体積も、積分記号を使って書き表すことができる。

　Δxをどんどん小さく取っていけば、円板の体積の合計は、だんだんと「本当の回転楕円体の体積」に近づいていくはずだ。これを式で表すと、回転楕円体の体積は、

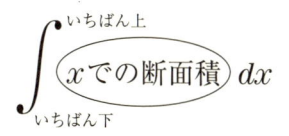

$$\int_{\text{いちばん下}}^{\text{いちばん上}} \left(x\text{での断面積}\right) dx$$

になる。円の面積を計算したとき（24ページ）と、よく似た数式だ。

第1章 積分とはどういうことか

(その1)
回転楕円体を薄い円板にスライスする!

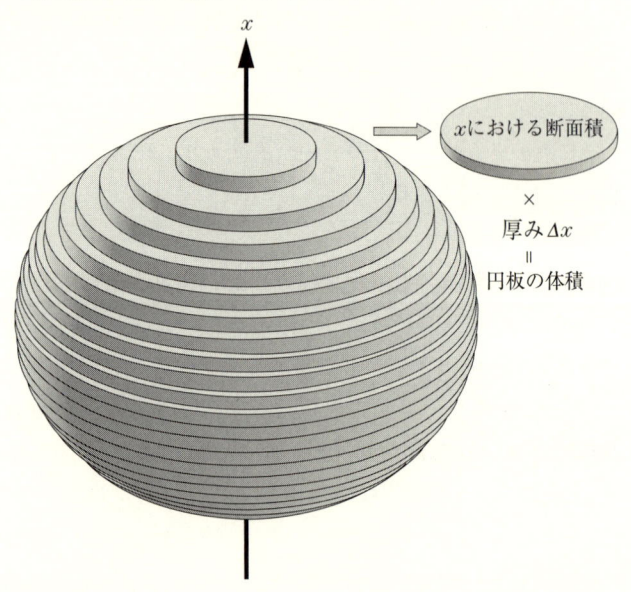

xにおける断面積
×
厚み Δx
=
円板の体積

(その2)
円板の体積は、

xでの断面積 × Δx

(その3)
円板の体積を下から上まで合計!

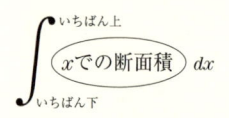

$$\int_{\text{いちばん下}}^{\text{いちばん上}} \left(x\text{での断面積} \right) dx$$

図20　回転楕円体の体積を積分記号で表す

積分記号の使い方が、見えてきただろうか。

> 記号はわかったから、そろそろ本題に戻りましょうよ。

> あ、そういえば我々は、「地球の体積を計算する」って問題を考えていたんだった。

地球の体積の話に戻る。

ページが遡るけれど、36ページの**図18**のように、回転楕円体の長半径をa、短半径をbとしよう。すると、「回転楕円体は、半径aの球をタテに$\frac{b}{a}$倍したものだ」と考えることができる。球が「スライスした薄いコインの集まり」だとすれば、回転楕円体は「(球を切ってできた) たくさんの薄いコインの高さを、それぞれ$\frac{b}{a}$倍したもの」と言えるはずだ。

つまり、回転楕円体の体積は、半径aの球の体積の$\frac{b}{a}$倍になる。半径aの球の体積の公式は$\frac{4}{3}\pi a^3$だったから、回転楕円体の体積は、この$\frac{b}{a}$倍だ。公式にまとめると、次のようになる。

第1章　積分とはどういうことか

回転楕円体の体積

$$= \int_{\text{いちばん下}}^{\text{いちばん上}} \boxed{x\text{での断面積}}\, dx$$

$$= \left(\frac{4}{3}\pi a^3\right) \times \frac{b}{a} = \frac{4}{3}\pi a^2 b$$

ここでは、計算の方法はわからなくても、式の意味だけわかればOKだ。

この公式に、地球の長半径 $a = 6378\,\text{km}$、短半径 $b = 6357\,\text{km}$ を代入してみればよい。その結果、地球の体積は、π を 3.14 として計算すると、約 $1.08 \times 10^{12}\,\text{km}^3$ となる[*3]。これは、一辺が1万kmの立方体と、だいたい同じくらいの体積だ。

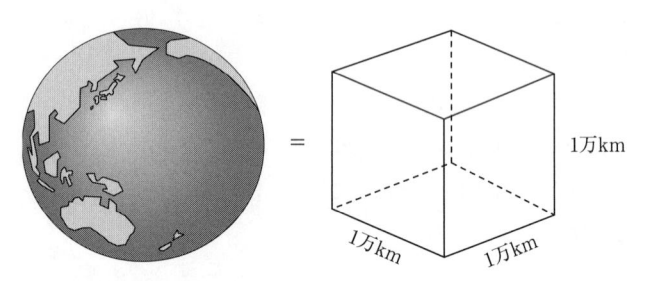

図21　地球は一辺1万kmの立方体とほぼ同じ体積

あれこれ計算した割には、意外とすっきりした数字になるのが面白い。

切り口を見よ

カヴァリエリの原理

次のような考え方こそ、積分法のルーツである。

> **積分のコツ**
> 図形や立体を、細くスライスしたものの集まりだと考える

17世紀イタリアの数学者カヴァリエリは、ここから出発して、ある偉大な発見をした。

図22 同じカードの塊を2通りの方法で置いてみる

図22は、「カードを直方体の形で置いたもの（左側）」と、「そのカードをずらして置いたもの（右側）」である。カードの塊を1つの立体として見ると、左右の形はまったく違う。これら2つの体積は、どちらが大きいだろうか？

答えは、もちろん「同じ」である。同じカードなのだから当たり前だが、じつはこれが、現代的な求積法（体積を

第1章　積分とはどういうことか

求める技術）のはじまりなのだ。

カヴァリエリは、「切り口の面積が常に等しい2つの立体の体積は等しい」ということを発見した。これをカヴァリエリの原理という。

> たとえば「2人の女性のウエストが同じだったら、2人の体積も同じ」ってこと？

> んなわけない。ウエストだけじゃなく、切り口の面積が「常に」等しくなきゃいけないんだから。ただ、どこを切っても同じ面積の女性が2人いたら、彼女たちの体積は同じだな。

つまり、カヴァリエリの原理を言いかえると、次のようになる。

すべての切り口の面積が等しければ、
「立体の形とは関係なく」体積は等しい

立体ではなく、面積の場合はどうなるのだろうか。

図23を見てほしい。一辺が1の正方形を、これまでと同じように細長い短冊にカットし、$y=x^2$の放物線に沿ってずらしてみた。短冊の幅を限りなく細くしていくと、ご覧のとおり、正方形が放物線に沿ってグニャリとコンニャク状に曲がった図形ができあがる。

このコンニャクを数式で表すと、$y=x^2$と$y=x^2+1$で挟まれた図形、ということができる（**図24**）。2つの放物

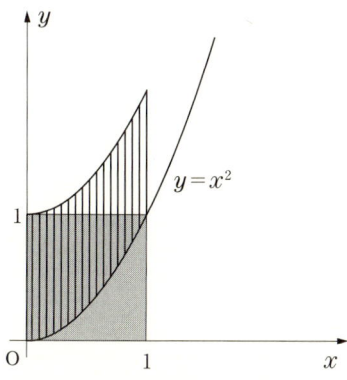

図23 正方形を放物線に沿ってずらす

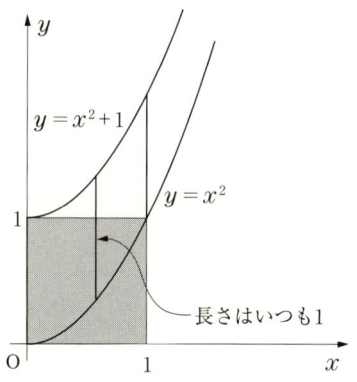

図24 数式を使って正方形をずらす

線に挟まれた図形の面積なんて、どうやって求めればいいのだろうか。

そこであらためて、コンニャクの切り口の長さを考えてみよう。

短冊はたんに放物線に沿ってスライドさせただけだから、長さは変わらない。したがって、このコンニャクを y

43

第1章 積分とはどういうことか

軸に平行にスライスした切り口の長さは、どこをとっても1になる。面積は細い短冊を足し合わせたものなので、コンニャクの面積も、元の正方形と同じ1となる。

カヴァリエリの原理は、平面図形にも見事あてはまることがわかった。平面の場合は、「切り口の長さが常に等しい2つの平面図形の面積は等しい」ということになるのだ。驚くべき発見ではないか。

> 私には、コンニャクの切り口の長さが全部同じに見えないんだけど。

> それは目の錯覚だ。定規で測ってみるとよい。

3分の1の原理

積分のコツ
カヴァリエリの原理を使いこなす

高校の教科書には登場しなかったかもしれないが、カヴァリエリの原理は、積分法のベースとなる基本的な考え方である。それが証拠に、さまざまな例に応用できる。一例を見てみよう。

みなさんは学校で、

切り口を見よ

$$円錐の体積 = 底面積 \times 高さ \times \frac{1}{3}$$

という公式を暗記したことがあるだろう。

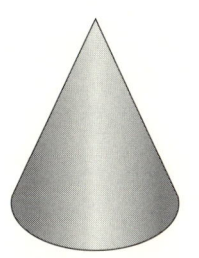

図25　円錐

> そういえば、3分の1っていう数字は、どこから来たのかしら？

> いい着眼だ。カヴァリエリの原理を知った今は、この3分の1の謎も解明できるぞ！

　3分の1の原理を考えるため、公式を使わずに、円錐の体積を計算してみよう。もちろん、公式なしで円錐の体積を計算するには、細工が必要だ。というわけで、またしてもスライス作戦が登場する。

　手始めに、四角錐の体積から考えてみよう。

第1章 積分とはどういうことか

> なぜ円錐じゃなくて、四角錐が出てくるの？

> ちょっとでも考えやすくするためだよ。前に、「すべての図形は長方形に通ず」って言ったでしょ。

なぜなら、底面が円ではなく、長方形になっているほうがスライスしやすい。つまり、積分的に考えやすいからだ。積分を考えるときは、図形を長方形に帰着させるのがひとつのコツである。

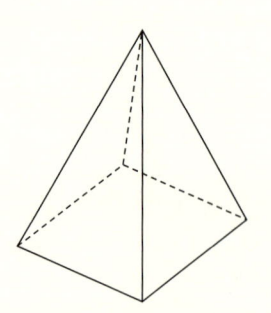

図26 一般の四角錐

だが、できればもっと考えやすくしたい。そのためには、四角錐を単純化すればよいのではないだろうか。

そこで、四角錐の底面は正方形、高さは底面の一辺の長さと同じにしてしまおう。たとえば、**図27**の左のような形だ。

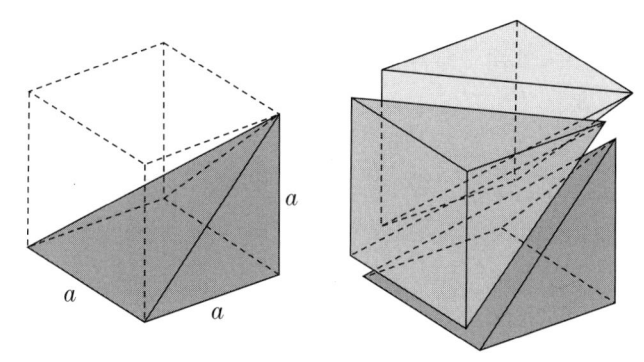

図27 立方体を3つの四角錐に分ける

　図27の右側の図は、立方体を四角錐3つに分けたものである。わかりづらいかもしれないが、これら3つは「まったく同じ形」なのだ。一見、異なった形に見えるけれど、見えている方向が違うだけなのである。

　四角錐の形が同じなので、1つの四角錐の体積は、立方体の3分の1であるはずだ。つまり、四角錐1個の体積は、a^3の3分の1（$\frac{1}{3}a^3$）となる。

> なるほどね。でも、立方体みたいに形が単純なものを分けたから、うまくいったんじゃない？

> もっともだ。立方体の高さが変わったり、底面が長方形になったりした場合にはどうなるか、試してみよう。

第1章　積分とはどういうことか

　では第一に、「立方体の高さが変わる場合」を検証してみよう。**図28**のように、タテの長さ（高さ）を伸ばしても、3分の1になるだろうか。

　高さをaからbに伸ばすと、立方体が直方体になる。すると、直方体の体積は、立方体の体積の$\frac{b}{a}$倍、つまり、$a^3 \times \frac{b}{a} = a^2 b$になるはずである。

　これにともなって、四角錐の体積がどう変化するのか、考えてみよう。

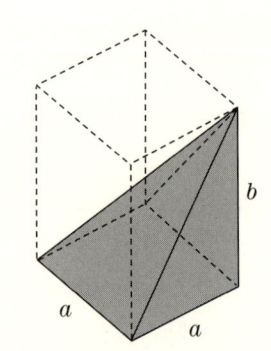

図28　タテに伸ばした場合

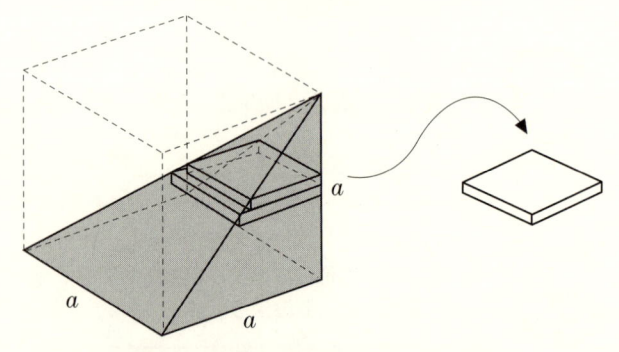

図29　四角錐を薄い直方体を重ねたものとみる

そのために、元の四角錐（**図27**の四角錐）を水平方向に切って、薄い直方体をたくさん作る（**図29**）。すると、元の四角錐がタテ長の四角錐になるとき、スライスした薄い直方体の高さは、それぞれ $\frac{b}{a}$ 倍になるはずだ。

さらに、スライスした直方体を重ねたものがタテ長の四角錐なのだから、その体積も $\frac{b}{a}$ 倍になるはず。つまり、

$$\frac{1}{3}a^3 \times \frac{b}{a} = \frac{1}{3}a^2b$$

となる。

新しい直方体の体積（a^2b）と新しい四角錐の体積（$\frac{1}{3}a^2b$）は、どちらも元の体積のそれぞれ $\frac{b}{a}$ 倍になっている。やはり、「四角錐の体積は、直方体の体積の3分の1である」ということに変わりはない。

第二に、「底面が長方形になる場合」についても調べてみよう。タテに伸ばした**図28**の四角錐をヨコ方向にも伸ばして、**図30**のようにする。この場合の体積も、ちゃん

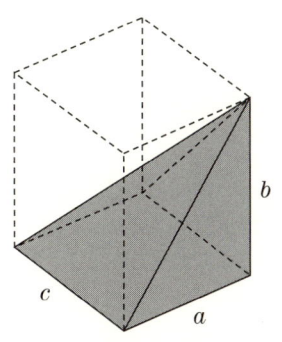

図30　さらにヨコに伸ばした場合

第1章 積分とはどういうことか

と3分の1になるのだろうか？

さっきと同じように、四角錐を水平に切って、薄い直方体をたくさん作ることを考えてみる。それらの直方体のヨコの長さは、$\frac{c}{a}$倍になる。だから、四角錐の体積も$\frac{c}{a}$倍になるはずだ。つまり、四角錐の体積は、

$$\frac{1}{3}a^2b \times \frac{c}{a} = \frac{1}{3}abc$$

となる。直方体の体積も$\frac{c}{a}$倍で、$a^2b \times \frac{c}{a} = abc$だ。

どちらも$\frac{c}{a}$倍になっているから、四角錐の体積は、直方体の体積の3分の1のままである。

よって、直方体を**図30**のようにヨコに伸ばした場合の四角錐の体積は、やはり、

$$四角錐の体積 = \frac{1}{3} \times 直方体の体積$$

ということが確認できた。

なお、ここではヨコに伸ばした例を取り上げたが、四角錐のヨコを縮めた場合でも、同じ要領で考えることができる。

> ふつうの四角錐は、図26みたいに頂点の位置が真ん中になっていることが多いわよね。その場合も本当に3分の1になるの？

切り口を見よ

> もちろん。ここでいよいよ、カヴァリエリの原理を使うのだ。

　第三の例として、「四角錐の頂点を水平にずらした場合」はどうなるだろうか。

　41ページの**図22**でみたトランプの例や、43ページの**図23**でみたコンニャクの例と同様に、四角錐も「薄いカードがたくさん重なったようなもの」だと考えられる。

　ならば、四角錐の頂点を水平にずらしても、切り口の形は元の四角錐といつも同じになるはずだ。

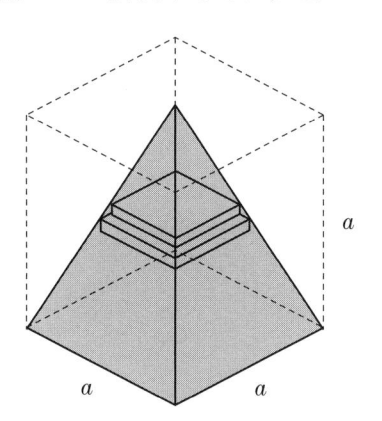

図31　四角錐の頂点をずらす

第1章 積分とはどういうことか

カヴァリエリの原理は、「切り口の面積が常に等しい2つの立体の体積は等しい」というものだった。したがって、（四角錐の頂点が水平にずれても）切り口の面積が同じなのだから、体積も同じはずだ。ここから、四角錐の体積の公式

$$四角錐の体積 = \frac{1}{3} \times 底面積 \times 高さ$$

が得られる。

円錐の体積

> そういえば、私たちが解こうとしてたのは、円錐の体積だったのよね。

> では、今まで考えてきたやり方を総動員して、円錐の体積を計算してみよう。

円錐の体積を計算する場合も、やはりスライス作戦を使う。だが、どこをどんな風にスライスするかが腕の見せどころだ。21ページ**図7**のアイデアを発展させよう。

図32のように、底面を細かい四角形に分割するのはどうだろうか。こうすることによって、「円錐＝たくさんの四角錐が集まったもの」だと考えることができる。

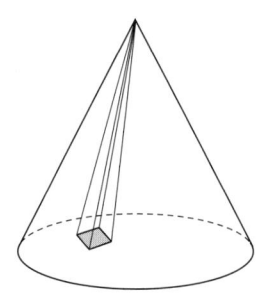

図32 円錐を小さな四角錐に分割する(底面を四角形で埋める)

四角錐の体積は、さきほど検証したとおり、

$$\frac{1}{3} \times 底面積 \times 高さ$$

である。したがって、ひとつの小さな四角錐の底面積を ΔS とすると、ひとつの小さな四角錐の体積は、

$$\frac{1}{3} \times \Delta S \times 高さ$$

となる。

円錐の体積は、これらのごく小さな四角錐をすべて足したものなのだから、

$$円錐の体積 = \frac{1}{3} \times 底面積 \times 高さ$$

となるはずだ。これが円錐の体積の公式である。四角錐とまったく同じ公式だ。

第1章 積分とはどういうことか

考え方をつかんでしまえば、公式を覚える必要はなく、直感的に正しいイメージが湧いてくるはずである。

> 楕円とか多角形とか、底面がもっと変わった形をしてるときの体積も計算できるの？

> もちろん。まったく同じ要領で考えられるぞ。

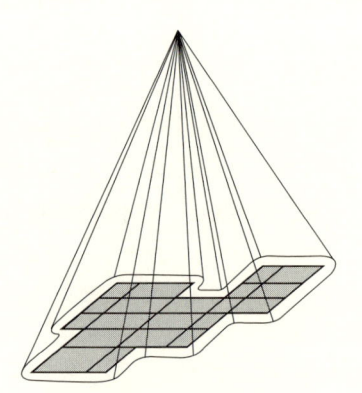

図33 内側から近似したところ

図33のようにイレギュラーな形であっても、底面を四角形で近似すればよい。四角錐や円錐に限らず、錐体の体積の公式は、みんな同じく次のようになる。

$$\frac{1}{3} \times 底面積 \times 高さ$$

切り口を見よ

スライス作戦は、応用範囲が広い。

球の体積

> 頂点をずらしても体積が同じなんて、考えてみれば当たり前じゃないかしら。

> カヴァリエリの原理は、そんなナマやさしいもんじゃない。もっとすごい例をお見せしよう。

公式なしで球の体積を計算できる、超絶アクロバチックな方法を紹介する。

次の**図34**を見てほしい。左の立体は「半径Rの半球」。右は「円柱(底面が半径R、高さもR)から円錐を取り去って、すり鉢状になった立体(すり鉢形)」である。

2つの立体の高さは、どちらもRなので同じだ。このとき、どちらの体積が大きいだろうか?

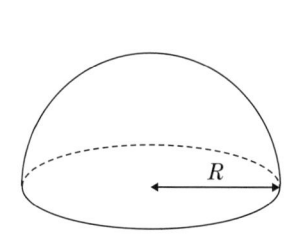

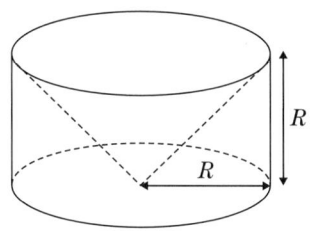

図34 半球とすり鉢形

第1章 積分とはどういうことか

　カヴァリエリの原理によると、どんなに立体の形が異なっていても、「すべての切り口の面積が等しければ、2つの立体の体積は等しい」はずである。つまり、切り口の面積さえわかれば、問題が解ける。

　そこで、切り口の面積を計算するために、2つの立体を高さ h でバッサリ切ってみよう。半球（左）を一定の高さで切ったら、断面は円になる。いっぽう、すり鉢形（右）の断面は、ちょうど5円玉のように、真ん中が丸くくり抜かれた形になるはずだ。

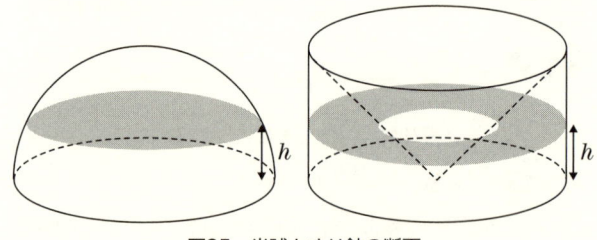

図35　半球とすり鉢の断面

　半球の断面積は、簡単に出せそうだ。いっぽう、すり鉢形の断面積は、どうやって計算すればよいのだろうか。

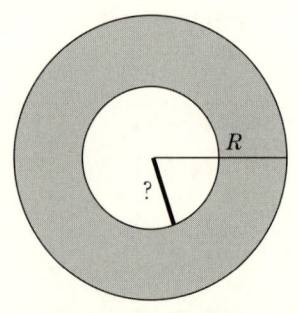

図36　すり鉢形の断面

切り口を見よ

　すり鉢形を高さhで切ったときの断面を描き起こすと、うまいことにドーナツ形になっている（**図36**）。ドーナツ形の面積は、「半径Rの円板から、ドーナツの穴（くり抜かれている部分）を取り除く」ことで計算できるはずだ。そのために、穴の半径が知りたい。

　そこで、半径を出すために、元に戻って、hでカットする前のすり鉢形をタテに真っ二つに切ってみよう。

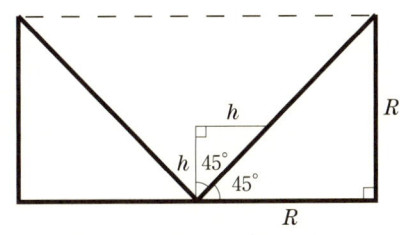

図37　すり鉢をタテに切ったところ

　すると、何ともスッキリした形の三角形が2つ出てきた（**図37**）。どちらも同じ三角形なので、試しに右の三角形で考えよう。すり鉢形の底面の円の半径がRだということから考えると、これは、「底辺がRで、高さもRの直角二等辺三角形」だ。三角形の斜辺は、45度の方向を向いている。ということは、すり鉢の底面から高さhの場所において、円板の内側の半径は、高さと同じhになるはずである。この半径を利用すれば、面積が出せるかもしれない。いい感じだ。

　さて、いよいよ半球とすり鉢形の断面積を計算してみよう。

　半球の断面は、円である。ここで、三平方の定理を利用

することができる。

「直角三角形の斜辺の長さの2乗は、その他の辺の長さの2乗を足したものに等しい」という例のやつだ。中学校で習ったことがあると思うが、これが使える。

図40の左側のように、円の半径rは、三平方の定理から、$r^2 + h^2 = R^2$を満たす。したがって、円の断面積は、

$$\pi r^2 = \pi(R^2 - h^2)$$

になる。

一方、右側のドーナツ形の面積は、「半径Rの円板から、半径hの円板を取り除く」ことで計算できるはずだ。やってみると、すり鉢形の断面積は、

$$\pi R^2 - \pi h^2 = \pi(R^2 - h^2)$$

となる。

半球とすり鉢形の断面積を見比べてみると——同じだ。2つの立体の高さhにおける断面積は等しい。カヴァリエリの原理は、「切り口の面積が常に等しい2つの立体の体積は等しい」だったので、「半球の体積は、すり鉢形の体積と同じ」ということになる。

以上の結果を踏まえて、そもそもの目的である「球の体積」を計算してみよう。

円錐の体積が、底面積×高さ×$\frac{1}{3}$で出せることを利用する。すり鉢形の体積は、円柱の体積から円錐の体積を引

切り口を見よ

半球の断面　　　　　すり鉢の断面

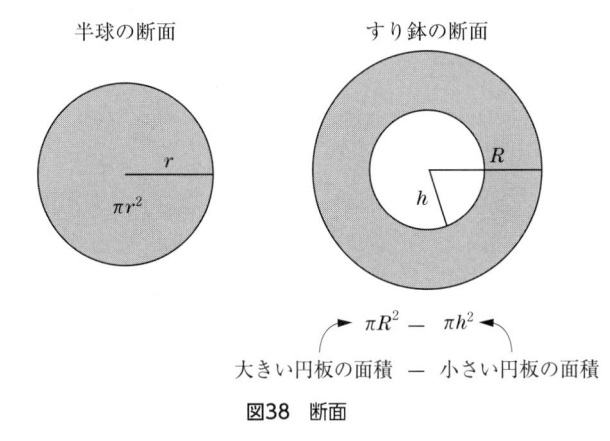

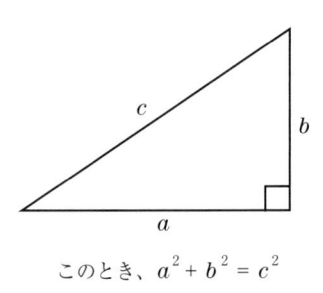

πr^2　　　　r

R　　h

$\pi R^2 - \pi h^2$
大きい円板の面積 − 小さい円板の面積

図38　断面

このとき、$a^2 + b^2 = c^2$

図39　三平方の定理

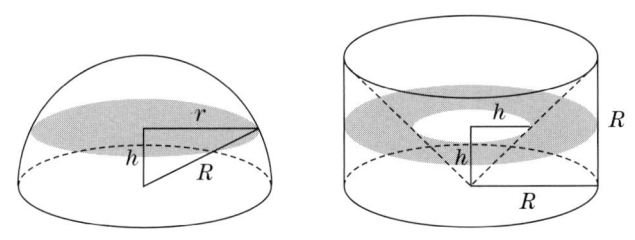

図40　カヴァリエリの原理で球の体積を求める方法

第1章 積分とはどういうことか

けばよいので、

$$\pi R^2 \times R - \frac{1}{3} \times \pi R^2 \times R = \frac{2}{3}\pi R^3$$

だ。すり鉢形と半球の体積は同じなのだから、すり鉢形の体積を2倍すれば、球の体積が出せるはずである。したがって、

$$球の体積 = \frac{2}{3}\pi R^3 \times 2 = \frac{4}{3}\pi R^3$$

が得られる。

カヴァリエリの原理を使えば、こんな巧妙なこともできてしまうのだ。なかなか思いつかない方法である。

> 半球とすり鉢なんて、見た目が全然違うのにね。

> 「見た目なんて関係ねぇ、大事なのは面積なんだよ」ってのがカヴァリエリの原理なの。

このアイデアの核心部分は、「体積がわからない立体」と「体積がわかっている立体」を、断面積が同じになるように対応付けたことにある。他の立体についても、うまい対応付けさえ思いつけば、体積の計算ができる。

切り口を見よ

> **積分のコツ**
> 「効果的な対応づけ」を見つける

球の表面積

カヴァリエリの原理によって、「球の体積は、円柱から円錐を取り除いたすり鉢の体積の2倍」だということがわかった。すでに円錐の体積の公式も導いたから、球の体積については一応のけりがついたことになる。

> 球の表面積はどう？ これまでのように、小さな断片を集めるという積分的な考察で導けるかしら。

> もちろん。球の表面積の公式なんか暗記しなくたって、自力で公式を導き出せるぞ。

本当に可能なのかどうか、さっそくやってみよう。

まず、表面積を計算する下準備として、円の面積をもとにして、円周の長さを求めてみたい。そのためには、どういうやり方でスライスすると効果的だろうか。

図41では、円を非常に細いおうぎ形で区切っている。「おうぎ形を寄せ集めたものが円である」と考えたわけだ。

61

第1章 積分とはどういうことか

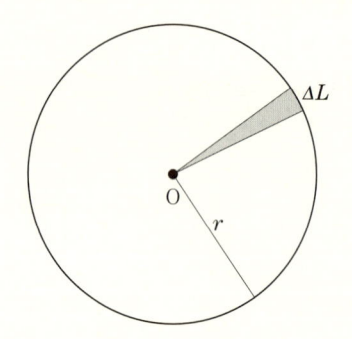

図41　円を細いおうぎ形の集まりと考える

細いおうぎ形の高さは、ほぼ円の半径、つまり r だ。問題は底辺だが、これはほとんど直線だと思うことにする。

> 「おうぎ形の底辺が直線だ」なんて、ずいぶん乱暴ね。

> もちろん実際の底辺は、ほんの少し曲がっている。でも直線だと思えば、計算できそうでしょ。微積分においては、この手の思い込みをすると便利なんだよね。

「底辺が直線だ」と思い込むことによって、このおうぎ形は、「底辺が ΔL で、高さが r の二等辺三角形」とほぼ同じだと考えることができるようになる。

積分のコツ
細かいことより、「どう考えればうまくいくか」を優先する

62

とすると、おうぎ形≒二等辺三角形の面積は、次のようになるだろう。

$$おうぎ形の面積 ≒ 底辺の長さ(\Delta L) \times 高さ(r) \times \frac{1}{2} = \frac{1}{2}r\Delta L$$

さて、私たちは、「円の面積は、細いおうぎ形の面積の合計だ」と思い込んでいるわけだから、このアイデアを式に当てはめてみよう。底辺の長さ＝ΔLをものすごく短くとれば、「底辺をすべて足したもの」が円周の長さになるはずだ。とすると、円の面積は、

$$円の面積(\pi r^2) = \frac{1}{2}r \times 円周の長さ$$

となる。この式を円周の長さについて解けば、

$$円周の長さ = 2\pi r$$

が得られる。

以上の考え方をもとにして、球の表面積を計算してみよう。

図42のように、球をものすごく細い四角錐の集まりだと考える。つまり、球の表面は、非常に小さな四角形でびっしりと覆われている。

ここで、ひとつの微小な四角形と、球の中心を結んでみよう。四角錐の底面の面積をΔSとすると、その高さ

第1章　積分とはどういうことか

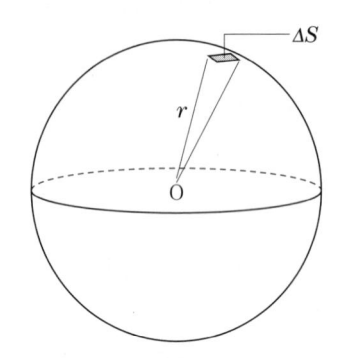

図42 球を細い四角錐の集まりとみなす

は、ほとんど球の半径rとなるはずである。

つまり、この四角錐の体積は、

$$四角錐の体積 = \frac{1}{3} \times 高さ(r) \times 底面積(\Delta S) = \frac{1}{3} r \Delta S$$

だ。これら四角錐の体積をどんどん足していくと、

$$\frac{1}{3} r \Delta S + \frac{1}{3} r \Delta S + \frac{1}{3} r \Delta S + \cdots$$

となり、つまり

$$\frac{1}{3} r (\Delta S + \Delta S + \Delta S + \cdots)$$

となる。ΔSをすべて足し合わせたものは、すなわち球の表面積になるはずだから、

$$球の体積\left(\frac{4}{3}\pi r^3\right) = \frac{1}{3}r \times 球の表面積$$

である。これを球の表面積について解けば、

$$球の表面積 = 4\pi r^2$$

という公式が得られるのだ。

第1章 積分とはどういうことか

感覚と論理

中学入試問題に積分を見る

　第1章の総仕上げとして、「図形をうまくスライスする方法」、「積分記号の使い方」を考えてみよう。その材料として、中学入試問題を積分的に解いてみる。

　ここで登場するのは、回転体だ。回転体の体積は、高校の教科書で必ず取り上げられている項目だが、簡単なものは中学入試にもちょくちょく登場する。たとえば、こんな風に。

　図のように、半径2cmの円板を円の中心から距離4cmのところにある軸を中心として1回転したときできる図形の体積を求めなさい。

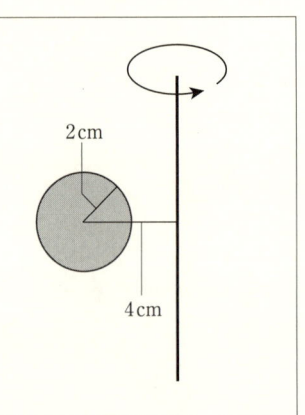

東海大学付属高輪台高等学校中等部2007年度入試問題を一部改変

この問題、どうやって解けばよいだろうか。

感覚と論理

> こんな変な図形の体積の公式なんて、学校で習ってないんだけど。

> いや、知らなくて当然だ。文部科学省の学習指導要領によれば、中学校ですら、こうした問題は扱っていない。小学生が解くには難問だと思うが、大人でもすぐにはわからないと思うぞ。

まずは、1回転させたとき、どんな図形ができるかというと——

図43 トーラス体

図43のようなドーナツ形になる。このようなドーナツ状の形は、数学ではトーラス体と呼ばれている[*4]。

ここで、トーラス体の体積を計算するための、一番素朴な「積分的」方法を探りたい。どんな方法が有効だろうか。

67

第1章 積分とはどういうことか

 ひとつのアイデアとして、**図44**のように、トーラス体を水平方向にバッサリ切るというものが考えられるだろう。

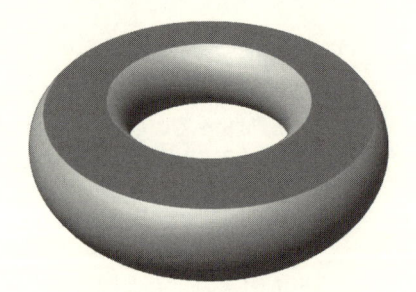

図44　トーラス体を水平に切る

 切った断面は、**図45**のように、大きな円から小さな円をくり抜いたような図形になる。この断面積を知るためには、大きな円と小さな円の半径がわかればよい。すり鉢形の断面を計算したときと同じである。

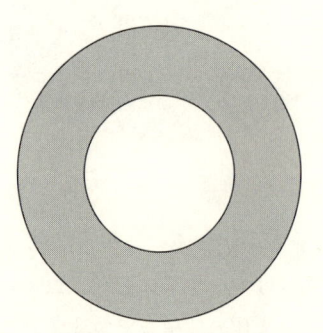

図45　トーラス体の断面

 難しいのは、半径を出すことだ。どうやって計算すればよいのか。

感覚と論理

　入試問題の図に、私たちのアイデアを描き込んでみよう。回転軸をx軸に取り、それぞれの点へ名前をつけていく（**図46**）。

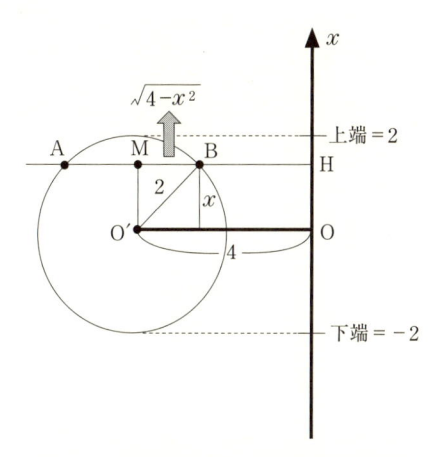

図46　水平断面の2つの円の半径を求める

　x軸にHという点を打ってみる。すると、**図45**のような水平断面の2つの円のうち、大きい方の円の半径はAH、小さい方の円の半径はBHとなる。

　じつは、「トーラス体をHの高さで切ること」がミソなのだ。そうすることによって、

「三平方の定理を利用できるはずだ」という読み

がある。

　次に、点A、点Bの真ん中の点をMとする。このとき、三平方の定理を使えば、AM（= BM）の長さは、

第1章　積分とはどういうことか

$$\sqrt{4-x^2}$$

となるはずだ。ということは、大きい方の円の半径AHは、

$$4+\sqrt{4-x^2}$$

小さい方の円の半径BHは、

$$4-\sqrt{4-x^2}$$

と表せる。

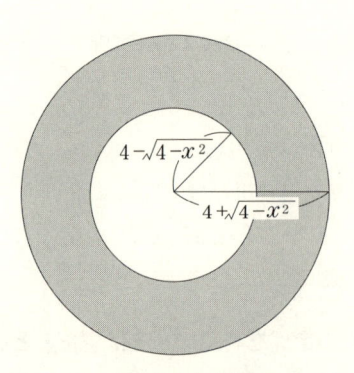

図47　トーラス体の水平断面のサイズ

　トーラス体の水平断面を描き起こすと、**図47**のようになる。ここで、大きい方の円の面積（$=\pi(4+\sqrt{4-x^2})^2$）から小さい円の面積（$=\pi(4-\sqrt{4-x^2})^2$）を引き算して、

図45のような水平断面の面積を求めると、

$$16\pi\sqrt{4-x^2}$$

となる。途中の計算は省略するが、気になる人は巻末注に書いておいたので見てほしい[*5]。

トーラス体の体積は、これらの断面積にほんのわずかな厚み Δx をつけて、下 $(x=-2)$ から上 $(x=2)$ まで足せばよい。積分記号を使うなら、

$$\int_{-2}^{2}16\pi\sqrt{4-x^2}\,dx$$

と表すことができる。これで、原理的にはトーラス体の体積が求まったことになる。

> とはいえ、この積分、どうすれば計算できるのかしら？

> この積分をまともに計算するのは、意外と面倒だ。でもな、じつは積分計算をしなくても答えが出せるんだ。

この式の「意味するところ」を考えてみよう。16π は後で掛け算すればいいだけなので、とりあえず泳がせておく。まず求めるべきなのは、

第1章 積分とはどういうことか

$$\int_{-2}^{2} \sqrt{4-x^2}\,dx$$

の部分だ。

$y = \sqrt{4-x^2}$ のグラフを描ければ、その面積が求められるかもしれない。では、$y = \sqrt{4-x^2}$ のグラフとはどんな形をしているのだろうか。じつは $y = \sqrt{4-x^2}$ のグラフは**図48**のようになる。

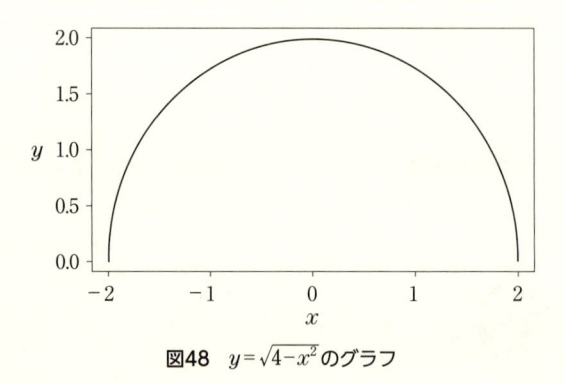

図48 $y = \sqrt{4-x^2}$ のグラフ

でも、こんなこと、ふつうは思いつかない。だからこの段階では、読者は「ふうん、こういうグラフになるのか」程度に考えて先に進んでほしい。

感覚と論理

> この形、よく見かけるわね。

> そう、半径2の円の上半分だ。

　ということは、この積分の式の答えは、**図48**の半円の面積と等しくなる。つまり、

$$\pi \times 2^2 \div 2 = 2\pi$$

だ。これに泳がせておいた 16π を掛け算して、トーラス体の体積は、

$$2\pi \times 16\pi = 32\pi^2$$

となる。

　トーラス体は、円と円を掛け算したような図形だが、本当にπの2乗が出てくるのが興味深い。数学的にも、トーラス体は「円と円の直積集合（正確には、円板と円周の直積集合）」として定義されている。文字どおり——いや、数字どおり「円と円を掛けた図形」なのである。

小学生風にトーラス体の体積を求める

 前項の求め方は、いわば大人の方法だ。しかし、三平方の定理も積分記号も知らない（ことになっている）小学生に説明するのは難しい。

 だとすると、どんな風にスライスすればよいだろうか。小学生向けなのは、「円の面積を求めるために細かい方眼に切る」という方法だ。しかし、実際に方眼を数えていくのは手間がかかるし、何か新しい方法も試してみたいものである。

 そこで、発想を転換するために、まず「円をおうぎ形に分けて面積を求める方法」を紹介しよう。私たちが求めたいのはトーラス体の体積だが、円をおうぎ形に分けて面積を求める方法とよく似た発想で、体積が計算できる。トーラス体は立体なので、まるごと想像するのは難しいが、円ならイメージしやすいと思う。

 図49は、円を細いおうぎ形に分けたうえで、上下を入れ替えながら交互に並べたものである。そこに現れてくるのは、横長の平行四辺形だ。

 もちろんおうぎ形の弧の部分は曲がっているので、できあがる平行四辺形は、ほんの少し曲がったものになる。しかし、おうぎ形をどんどん細くしていけば、おうぎ形の弧の部分の曲がりはほとんど見えなくなる。しまいには、まっすぐだと思ってもいいくらいになるはずだ。

 おうぎ形の刻みを限りなく細かくしていくことによっ

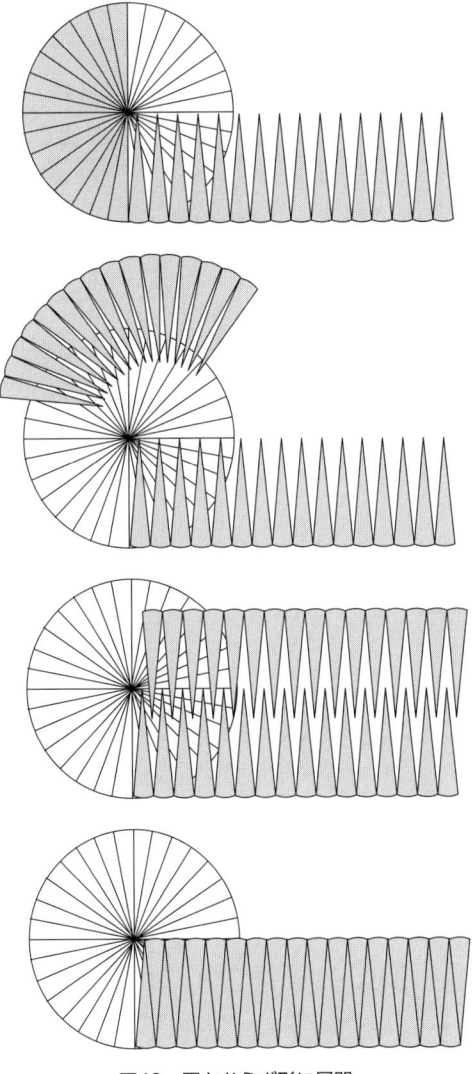

図49　円をおうぎ形に展開

第1章　積分とはどういうことか

て、平行四辺形は非常に精度の高いものになるだろう。そのとき、平行四辺形の高さは、ちょうど円の半径と同じになる。そして、底辺の長さは、円周の半分（＝π×半径）になるはずである。ということは、平行四辺形の面積は、「π×半径×半径」に近づいていく。したがって、円の面積も「半径×半径×π」となる。

以上が、円の面積の公式を「小学生風に」導く方法の一例である。

ドーナツをヘビにする法

さて、いよいよトーラス体に取りかかろう。立体をスライスするというアイデアを、トーラス体へ応用する。今回は水平に切るのではなく、垂直方向から切れ目を入れてみる（**図50**）。

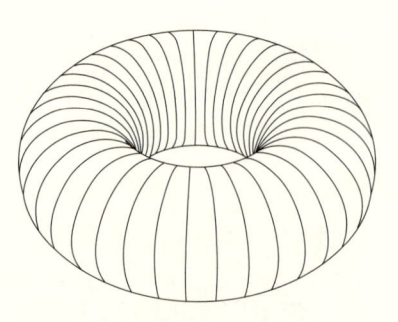

図50　トーラス体を垂直方向にスライス

断面が、ちょうど小さな円になるように切るというわけだ。

感覚と論理

　様子をうかがうために、まずは8等分してみよう。円をおうぎ形に切り分けて交互に並べるのと同じ要領で、トーラス体を交互に並べてみる。

　そうすると、トーラス体はうねうねしたヘビ状の図形になるはずだ。

　　　　　　　　半径4の円の周の長さ
　　　　　　　　$2\pi \times 4 = 8\pi$

　　　　　　　　断面の円の半径 = 2

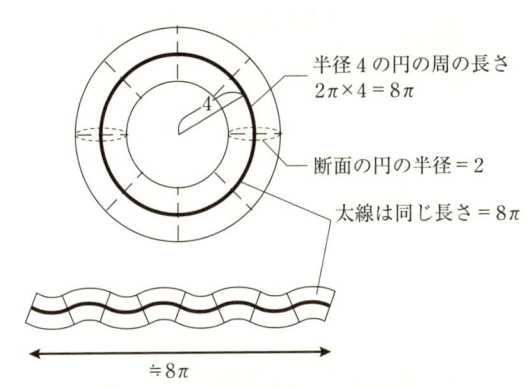

　　　　　　　　太線は同じ長さ = 8π

　　　　　≒8π

図51　トーラス体を切って交互に並べる

本当にそうなの？　確認してみたいわね。

じゃ、実験してみよう。

第1章　積分とはどういうことか

図52　ミスタードーナツ　米粉ドーナツホワイトチョコ

　ここで使用するのは、ミスタードーナツの米粉ドーナツホワイトチョコである。ドーナツではなく、ベーグルでもいいかもしれない。ドーナツを8等分したものが、次の**図53**だ。

図53　8等分されたドーナツ

　切ったドーナツを交互に並べてみると、次のようになる（**図54**）。

感覚と論理

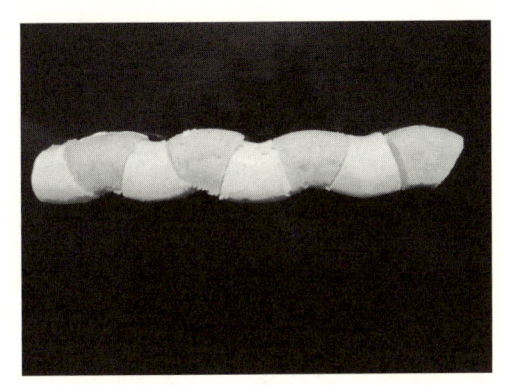

図54　8等分したものを並べ直したドーナツ

たしかにヘビ状の立体図形になることが確認できる。なお、このとき切ったドーナツは、すべて私の娘が食べた。「何で切っちゃうの？」、「きゃーっ！」と大騒ぎであったが。

さて、ここでは8等分したが、もっと細かくして100等分、200等分、……としていけば、ヘビ状の立体は、だんだんと円柱（が横たわったような形）に近づいていくはずである。

ということは、先ほどの**図51**のように、円柱の底面は半径2の円に、高さは半径4の円の周の長さ（＝回転させた円の中心の軌跡の長さ）、つまり8πになる。

したがって、求めるトーラス体の体積は、底面積が$\pi \times 2^2$、高さが8πの円柱（**図55**）の体積と同じ。つまり、

$$\pi \times 2^2 \times 8\pi = 32\pi^2$$

第1章 積分とはどういうことか

となる。

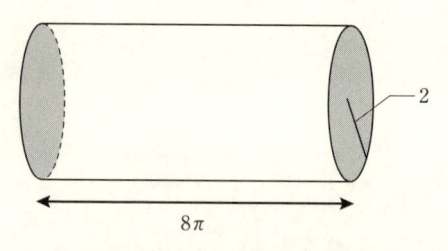

図55 トーラス体を円柱に変形！

円周率はだいたい3.14だから、これを代入してみると、答えは、315.5072 cm²だ。

ついでながら、私が購入した米粉ドーナツホワイトチョコの場合、断面の円の半径は1.5 cmで、ドーナツの直径は8 cmだった。

ということは、図51の太線にあたる円の半径は、8 cm ÷ 2 − 1.5 cm = 2.5cm である。したがって、ドーナツの体積は、底面積が $\pi \times 1.5^2$、高さが $2\pi \times 2.5$ cm の円柱と同じだから、

$$\pi \times 1.5^2 \times 2\pi \times 2.5 = 110.9205 \text{ cm}^3$$

ということになる。これは、だいたい一辺4.8 cmの立方体と同じくらいの体積だ。

パップス・ギュルダンの定理

なお、中学受験界では、回転体の体積について「裏技」

としてよく知られた定理があるらしい。パップス・ギュルダンの定理である。

> **パップス・ギュルダンの定理**
> **回転体の体積＝回転させたい図形の面積 ×**
> **　　　　　重心が動いた長さ**

　この定理を使って計算してみよう。

　今回のトーラス体の場合、「回転させたい図形」にあたるものは、半径2の円だ。その面積は、$2 \times 2 \times \pi = 4\pi$ である。

　次に、「重心が動いた長さ」だが、ここでは「重心」とは、「回転体の真ん中」という意味だと思ってほしい。重心が動いた長さは、円柱の高さと同じだから、$4 \times \pi \times 2 = 8\pi$ だ。

　これらをパップス・ギュルダンの定理に当てはめると、「回転体の体積」は、$4\pi \times 8\pi = 32\pi^2$ となる。

　目端の利いた小学生なら、この裏技はもちろん知っているはずで、実際に使った受験生もいたにちがいない。しかし、私たちが見てきたような計算技術まで説明できるかというと、なかなか難しいのではないだろうか。

　「トーラス体を円柱に変形させる」という話から、積分の問題をうまく解くコツが見えてくる。

第1章 積分とはどういうことか

> **積分のコツ**
> 解き方がわからない図形を、わかる図形へ変形させる。
> そのときは、形だけを変えて、体積を変えない。

じつは同じ方法論を使って、トーラス体の「表面積」も計算することができる。

図55で確認できるように、表面積は「半径2の円を底面に持つ高さ8πの円柱の側面積」と同じだ。したがって、半径2の円の周の長さ$2 \times 2 \times \pi = 4\pi$と$8\pi$を掛け算して、$32\pi^2$となる。なお、たまたま体積と同じ値($32\pi^2$)になったけれど、これは偶然だ。

さらに、円柱に変形させる考え方を使えば、体積と表面積の公式を導くのも簡単である。

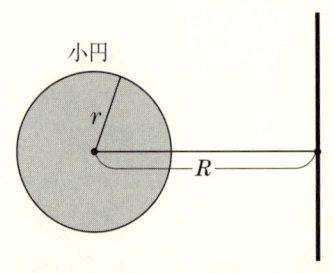

図56 円板を回転させて一般のトーラス体を作る

図56のようにrとRを取って(ただし、$R > r$)、軸の周りに回転させてできるトーラス体がある。半径rのグレーの円板を小円と呼ぶことにすると、体積と表面積の公式は、次のようになる。

82

$$体積 = 小円の面積(\pi r^2) \times 小円の中心が動いた距離(2\pi R) = 2\pi^2 r^2 R$$

$$表面積 = 小円の周の長さ(2\pi r) \times 小円の中心が動いた距離(2\pi R) = 4\pi^2 rR$$

　表面積はわかってしまえば簡単に思えるけれど、他の考え方で計算しようとすると大変だ。重積分という、大学レベルのもっと高度な積分技術が必要になってしまう。積分は切り方次第で、簡単になったり難しくなったりするのだ。

　逆に言えば、難しい問題に見えてもスライスや変形の方法を変えるだけで、小学生でも解けるものになる。

　第1章では、さまざまな図形の面積や体積を求めたいとき、「細かくスライスする」、「小さな長方形や直方体に分ける」方法が有効だということがわかった。

　積分を応用する際には、コンピュータで値を計算することが多い。実際のところ、積分を具体的な式で表現できる、つまり現実に計算できることは稀だからだ。そのとき計算機の中で行われているのは、テクニカルなことを除けば、「スライスした断片の面積（あるいは長さや体積）を合計する」ということだけである。

　積分とは、突き詰めれば「断片の足し算」であって、他に特別なことをしているわけではない。いったん積分の式を書くことができれば、数値計算するのは簡単だ。

　さまざまな量を、積分の式で表せること。究極的には、これこそが私たちに必要な能力なのである。

第2章

微分とは
どういうことか

第2章 微分とはどういうことか

微分の存在意義

ダイヤモンドの価格を分析する

　高校の教科書だと、積分よりも前に微分を習うことになる。だからだろう、微積分が苦手な人はたいてい微分で挫折している。微分はできるけれど積分は苦手、というのはあまり聞いたことがない。

　第1章の冒頭でも述べたが、微分は積分と比べてイメージがつかみづらい。積分の章で登場した円、球、円錐、回転楕円体の面積、体積は、どれをとっても実感がわきやすい。それに引きかえ、微分のわかりにくさよ。

　なぜわかりにくいのかというと、微分が「比」だからではないだろうか。

　$y = f(x)$の微分とは、

$$x がちょっと (\Delta x) だけ変化したとき、$$
$$y もちょっと (\Delta y) だけ変化したときの比$$

である。積分が「足し算」なら、微分は「割り算」だ。

　小学校では最初に足し算を習い、その後に引き算、掛け算、最後に割り算を習う。なぜなら、この順に難しくなっていくからだ。割り算を実感するのは、相対的に難しいといえる。

　私たちにとって「比＝割り算の世界」は、とらえにくい

微分の存在意義

ものだけれども、「変化をとらえる」ときには抜群に役立つのである。

　積分と微分では、脳の使い方がまったく異なる。実際の例を考えながら、頭のスイッチを切り替えよう。最初のテーマは、ダイヤモンドの価格公式である。

> どうしてダイヤモンドの価格公式なの？

> 微分のように抽象度の高い話は、おカネで具体化して考えるのがひとつのコツだ。小学生なら数字に「円」をつけただけで、算数の問題が解けることがある。我々大人だって、経済成長率とか為替レートより、札束のほうが量を実感できる。それと同じ原理だ。

　お金をイメージすることによって鋭くなる、私たちの「量的感覚」を利用しよう。

　米国宝石学会のダイヤモンドに関する「品質評価国際基準」によれば、ダイヤモンドの価値は、「4C」で決まる。4Cとは、「大きさ（Carat）」、「色（Color）」、「研磨（Cut）」、「透明度（Clarity）」というダイヤモンドの特徴のことだ。4Cのほかに、投機的な要因なども価格を変動させることがあるが、話がややこしくなるので考えないことにしよう。

　ダイヤモンドの価格を決める一般的な公式をつくるのは

難しいが、ここでは「色、研磨、透明度が同じ」だと仮定してみる。すると、ダイヤモンドの価格は、およそその「大きさ＝重さ」によって決まるだろう。重さの単位はカラットで、1カラットは0.2gに当たる。

8.00カラット 13mm	7.00カラット 12.4mm	6.00カラット 11.7mm	5.00カラット 11mm	4.00カラット 10.2mm
3.00カラット	2.00カラット	1.50カラット	1.00カラット	0.75カラット
0.66カラット	0.50カラット	0.33カラット	0.25カラット	0.20カラット
0.15カラット 3.4mm	0.10カラット 3mm	0.07カラット 2.7mm	0.05カラット 2.5mm	0.03カラット 2mm

図57　ダイヤモンドのカラット数と相対的な大きさ

カラット数があまり大きくないところでは、ダイヤモンドの価格は「カラット数のおよそ2乗」に比例する。つまり、ダイヤモンドの重さ（カラット）をxとすると、ダイヤモンドの価格yは、経験的に次のように表すことができる。

$$y = x^2 \times 1\text{カラットの価格}$$

この関係式は「2乗方式」と呼ばれている。

実際には1カラットのダイヤモンドの価格は一定では

ないけれども、話を前進させるため、「1カラットのときは100万円」だと思うことにしよう。すると、xカラットのダイヤモンドの価格は、

$$y = 100x^2 \text{万円}$$

ということになる。重さが2カラットだとすれば、価格は、

$$100 \times 2^2 = 400 \text{万円}$$

である。

　実際には、ダイヤモンドが（たとえば）1カラットぴったりであることはあまりない。0.98カラットとか1.01カラットとか、小数点以下第2位くらいまでの数字が違うことが多いのだ。そこで、ダイヤモンドの重さは1カラットではなく、1.1カラットだとする。このときの価格は、

$$100 \times 1.1^2 = 121 \text{万円}$$

ということになる。なんと、0.1カラット増えただけで、

$$121 \text{万円} - 100 \text{万円} = 21 \text{万円}$$

も価格が上昇してしまうのだ。

　0.1カラットは、たったの0.02 g。ほんのちょっと増えただけで、21万円も高くなる！　炭素も偉くなったもの

だ(なお、カラット数が大きくなると、2乗方式はうまく当てはまらない場合がある。興味のある読者は、巻末注を参照してほしい[*6])。

ここで、ダイヤモンドの重さがxカラットからΔxだけ増えて、$x+\Delta x$カラットになったとしよう。カラットが減っても同じことだが、計算を楽にするため、増える例で考えてみる。

> そのとき、ダイヤモンドの価格はどれだけ増えると思うかね?

> さっき計算したみたいに、ほんのわずか増えただけで、トンでもない額に跳ね上がるんじゃない?

図58は、一辺がxの正方形をもとに、「タテとヨコをそれぞれΔxずつ増やしたとき、面積がどれだけ増えるか」を表現している。この図を使えば、ダイヤモンドの重さがxカラットからΔxだけ増えて、$x+\Delta x$カラットになったとき、どれだけ価格が上がるかがわかるはずだ。

ここでx^2(に100万円を掛けたもの)は、ダイヤモンドの価格を表している。そして、価格の上昇分は、**図58**のように、「2つの長方形(面積はそれぞれ$x\Delta x$)と、一辺がΔxの正方形(面積$(\Delta x)^2$)を足した分」であるはずだ。

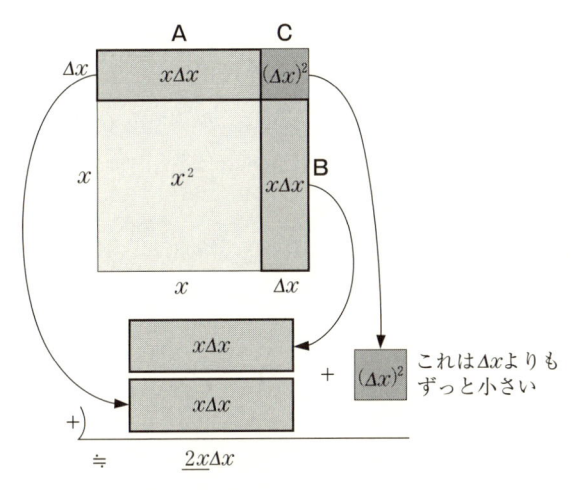

図58 ダイヤモンドの価格の増加分

> A. 辺の長さが x と Δx の長方形
> B. 辺の長さが x と Δx の長方形
> C. 一辺が Δx の正方形

つまり、

$$(2x\Delta x + (\Delta x)^2) \times 100\,\text{万円}$$

となる。

さきほどの例、つまり、1カラットのダイヤモンドが1.1カラットになったときの価格の増加分をこの式にあてはめてみると、

$$(2 \times 1 \times 0.1 + (0.1)^2) \times 100\,\text{万円} = 20\,\text{万円} + 1\,\text{万円}$$

となる。$(\Delta x)^2$ の増加分 1 万円は、単体でみるとそれなりの額だけれども、「20 万円に比べれば」相対的に少ない額だという感じがする。

　Δx をもっと小さくすれば、この傾向はよりはっきりする。たとえば、$\Delta x = 0.05$ としてみると、

$$(2 \times 1 \times 0.05 + (0.05)^2) \times 100\,\text{万円} = 10\,\text{万円} + 2500\,\text{円}$$

1 万円の 4 分の 1 になって、2500 円。さらに、$\Delta x = 0.02$ とすると、

$$(2 \times 1 \times 0.02 + (0.02)^2) \times 100\,\text{万円} = 4\,\text{万円} + 400\,\text{円}$$

400 円となる。

　一般に、小さな正方形で示される部分は、「長方形の部分に比べれば」安い。

> 4 万円に対して、たったの 400 円ってことね。

> ほとんどないと言ってもいいくらいだな。だから、このさい無視してしまおう！

微分の存在意義

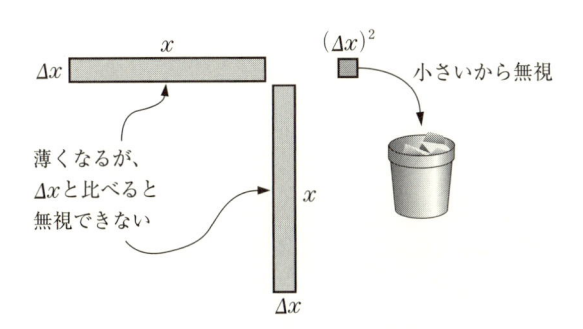

図59　小さいものは無視

　小さすぎる $(\Delta x)^2$ は、ゴミ箱に入れてしまった（**図59**）。なお、$(\Delta x)^2$ は Δx の Δx 倍だからといって、量が増えるわけではない。なぜなら、Δx のような小さいもの同士を掛け合わせた場合、ますます小さくなるだけだから。Δx と比較すると、相対的にとても小さな存在なのだ。

　$(\Delta x)^2$ が無視された結果、価格の増加分は、ほぼ、

$$2x\Delta x \times 100 \text{万円}$$

ということになった。

> $2x\Delta x \times 100$万円？　それはいったい、何を表してるの？

> 図59で言うと、2つの長方形の面積のこと。Δx と比べて「無視できない」部分だ。

重要なことは、「Δx と比較して、大きいか小さいかを考える」ということだ。たとえば、

$$2x\Delta x \times 100\,万円$$

という値は、Δx を小さくするにつれて小さくなる。しかし、「Δx と比較すると」小さいとは言えない。

この「Δx と比較して無視できない部分」が問題なのだ。

$$2x\Delta x \times 100\,万円$$

が Δx の何倍になっているかというと、$2x \times 100\,(万円) = 200\,x$ 倍だ。$y = 100x^2$ の微分とは、この倍数 $200\,x$ を指している。

ダイヤモンドの例は、そもそも 1 カラット = 100 万円という設定なので、価格の増加分が「1 カラットの $2x$ 倍」になっているというわけだ。この「2」は、図 59 で言えば 2 枚の壁のような部分から来ているのである。

「指数を前に出せ」の理由

> **微分のコツ**
> 無視できるものと無視できないものにうまく分ける

無視できるものを捨て、無視できないものだけを残す。「無視できないものが、Δx の何倍になっているか」を知る。

これが微分だ。

$$\Delta y = \boxed{2x} \times \Delta x + \boxed{(\Delta x)^2}$$

$$増加分 = \boxed{} \times \Delta x + \boxed{\Delta x と比べて小さい項}$$

⬇ 無視できない   ⬇ 無視できる

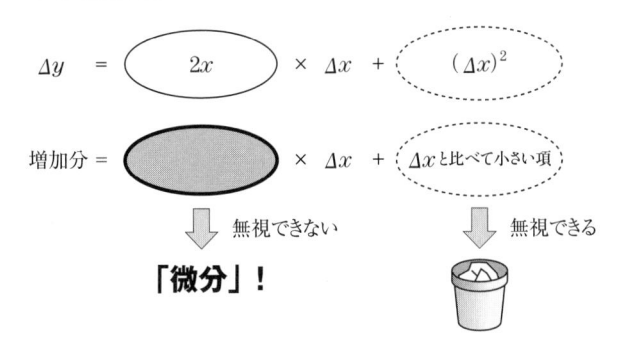

「微分」！

図60 微分とは何か

> 厳密さが大好きな数学のくせに、無視なんかしちゃって、ホントにいいの？

> もちろん！ 「細かいことをわざと無視する」って方法は、理工系の学問で昔からよく行われてる方法なんだ。第１章の積分で出てきた、液晶ディスプレイの話もそうだったでしょ。

微分のコツ
小さな部分には目をつぶって、値を近似する

微分について一言でいうなら、こういうことだ。これを踏まえて、教科書によく登場する基礎の微分公式の「意味」を、じっくり考えてみよう。

次の式に、どこか見覚えがあるだろうか？

$$(x^n)' = nx^{n-1} \quad (n=1, 2, 3, \cdots)$$

ここで、右肩についている「′」(ダッシュ)は微分を表す記号である。

これは、高校の微積分において最初に習う**べき乗の微分公式**だ。べきとは、x^2、x^3、x^4の肩に乗っている指数のことである。

高校では、「微分するときは、とにかく指数の数字を前に出して、肩の数字から1を引け」と教わったのではないだろうか。しかし、なぜそうしなければならないのか。数学にはこの手の（「とにかくこうしなさい」というような）押し付けがましさがつきものだが、ここで少し立ち止まって、その本質を考えてみよう。

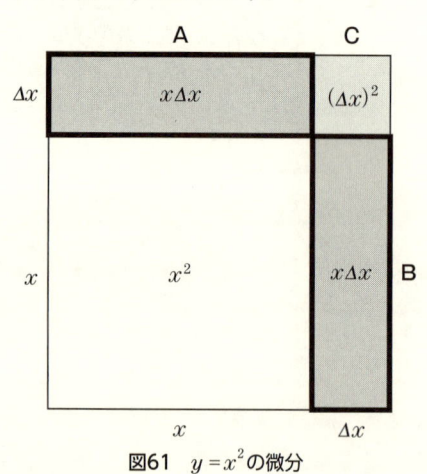

図61 $y = x^2$ の微分

微分の存在意義

図61は、$y = x^2$ の微分を図示したものだ。

さっきの**図58**とよく似ている。じつは「べき乗の微分公式」についても、ダイヤモンドの例と同じ要領で考えることができるのだ。

つまり、「ここに、一辺が x の正方形の土地がある。この土地の面積は、x^2 である。土地の辺の長さをそれぞれ Δx だけ増やしてみたら、面積はどれだけ増えるだろうか」という問題に変えて考えてみよう。

その結果、**図61**でいうと、右と上に土地が増えるはず。増えた分の土地は、次の3つの部分に分けて考えることができそうだ。

> A. 辺の長さが x と Δx の長方形
> B. 辺の長さが x と Δx の長方形
> C. 一辺が Δx の正方形

長方形の面積（AとB）は、1つにつき $x\Delta x$ だ。これが2つあるのだから、合わせて $x\Delta x + x\Delta x = 2x\Delta x$ になる。

残った正方形の面積（C）は $(\Delta x)^2$ だ。もし、Δx をどんどん小さくすれば、$(\Delta x)^2$ は Δx と比べて非常に小さくなる。たとえば、$\Delta x = 0.1$ とすると、$(\Delta x)^2 = 0.01$ だ。1桁も小さくなってしまう。こんなに小さいのだから、思い切って無視してしまおう。

とすると、土地の面積の増加分は、全部合わせると、ほぼ $2x\Delta x$ だということができる。増加の割合を計算してみると、$2x\Delta x$ を Δx で割って、$2x$ となる。

第2章 微分とはどういうことか

つまり、$(x^2)' = 2x$という、よく習う公式に出てくるxの前の2の理由、それは

「長方形が2個あること」

からきている、というわけだ。

同様にして、$y = x^3$の微分も計算することができる。2次元を考えるのに面積を使ったのだから、3次元の例は体積だ。こんどは正方形ではなく、立方体を使えばよい。「立方体の体積がどんなふうに増えるか」を考えてみるわけだ。

面積の例と同じ要領で、(立方体の) 辺の長さをそれぞ

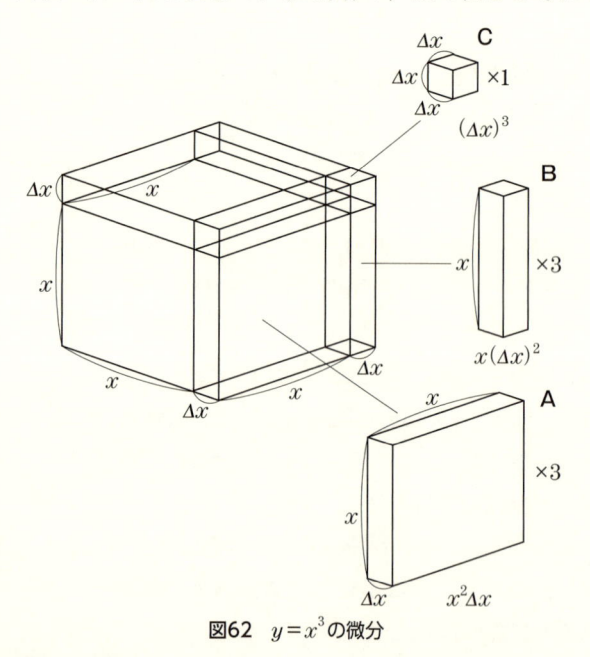

図62 $y=x^3$の微分

微分の存在意義

れ Δx だけ増やしてみよう（**図62**）。

どの部分がどのくらい増えたのか、それぞれ書き出すと次のようになる。

> A. 底面が一辺 x の正方形で厚さが Δx の壁
> 　　—— 3枚（それぞれの体積は $x^2 \Delta x$）
> B. 底面が一辺 Δx の正方形で高さが x の四角柱
> 　　—— 3本（それぞれの体積は $x(\Delta x)^2$）
> C. 一辺が Δx の立方体（体積 $(\Delta x)^3$）—— 1つ

このうち、比較的体積が大きいのは、体積 $x^2 \Delta x$ の壁3枚である（A）。それ以外の部分（BとC）は、Δx に比べれば非常に小さい。だから、これらもやっぱり無視してしまおう。

$$\Delta y = \underbrace{3x^2}_{A} \times \Delta x + \underbrace{3x(\Delta x)^2 + (\Delta x)^3}_{B\ \ C}$$

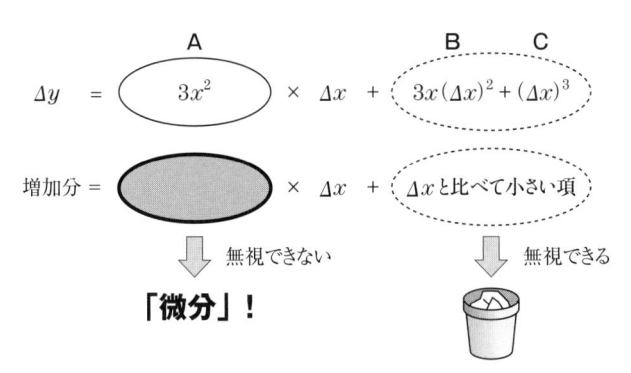

増加分 = ● × Δx + (Δxと比べて小さい項)

　　↓無視できない　　　　　　↓無視できる

「微分」！

図63　3乗の微分

結局のところ、体積の増加分は、およそ $3x^2 \Delta x$ ということになる。増加の割合を計算するために、$3x^2 \Delta x$ を Δx

で割ると、$(x^3)' = 3x^2$ が得られる。

$y = x^3$ の場合、3は大きな壁の枚数からくる。よく学校で暗記する公式のメカニズムは、このようになっている。

ちなみに、$y = x$ の微分は1である。

なぜなら、x を Δx だけ増やしたとき、y は Δx だけしか増えない。増加分は、Δx のちょうど1倍だからだ。

また、「無視してしまう」という操作は、機械的に行うこともできる。増加分の式

$$\Delta y = 3x^2 \Delta x + 3x(\Delta x)^2 + (\Delta x)^3$$

で、増加の割合を出すために、Δy を Δx で割って、

$$\frac{\Delta y}{\Delta x} = 3x^2 + 3x \Delta x + (\Delta x)^2$$

とする。ここで、Δx を無視する。無視するということは、つまり「0に近づけていく」ということだ。

そこで、Δx を0に限りなく近づけたときの $\frac{\Delta y}{\Delta x}$ の値は、

$$\lim_{\Delta x \to 0} \frac{\Delta y}{\Delta x} = \frac{dy}{dx}$$

と表す決まりになっている。$\lim_{\Delta x \to 0}$ は Δx を限りなくゼロに近づける、という意味。$\frac{dy}{dx}$ は、積分の章で説明した Δx と dx の違いと同じだ。限りなく近づけたときの極限の値なので、**極限値**と呼ばれている。「ディーワイディーエッ

クス」と読む(「ディーエックスぶんのディーワイ」ではない)。

> $\frac{dy}{dx}$ の d が余計な感じね。約分したら、見た目がスッキリするんじゃないかしら?

> そうする学生がよくいるけど、dx とか dy は、$d \times x, d \times y$ じゃないんだ。Δ と同じで、difference(差)って意味がある記号なの。だから、約分しないでね。

前ページの式

$$\frac{\Delta y}{\Delta x} = 3x^2 + 3x\Delta x + (\Delta x)^2$$

において、

$$3x\Delta x + (\Delta x)^2$$

という部分は0に近づいていき、

$$3x^2$$

だけが残る。これが微分だ。

つまり、次の式が成り立つことがわかる。

$$\frac{dy}{dx} = 3x^2$$

積の微分公式

「2つの関数 $f(x)$ と $g(x)$ を掛けたもの（積）を微分したらどうなるか」ということを表した式がある。

$$(fg)' = f'g + fg'$$

これを**積の微分公式**という。積の微分公式は、知っておくと何かと重宝するアイテムである。

微分の公式 $(x^2)' = 2x$、$(x^3)' = 3x^2$ の仕組みについては、目で見て確認した。もっと次数を上げて、$(x^4)'$ を計算したいときには、積の微分公式が役に立つ。

> こんどは4次元の話になってしまうからね。

> 4次元のモノなんか、頭に描きにくいだろ。こんなときは、何か他のものに置き換えちゃえばいい。

まずは、「2つの関数 f と g の積の微分がどうなるか」を考えてみよう。

「関数の積の微分」などと言われると実感が湧きづらいが、例によって、面積に置き換えることができる。

図64は、積の微分公式の原理を図にしたものだ。

$$\fallingdotseq \quad \Delta f \times g + f \times \Delta g$$

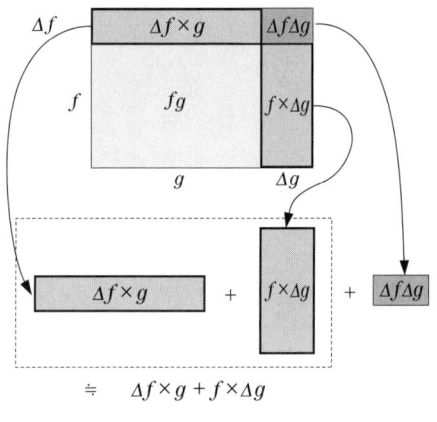

図64　積の微分公式

図64のように、タテの長さがf、ヨコの長さがgの長方形があるとして、「この長方形のタテの長さをΔf、ヨコをΔgだけ増やしてみると、長方形の面積はどれだけ増えるだろうか」という問題を解けばよい。

その結果、タテ方向に増える面積は$\Delta f \times g$で、ヨコに増える長方形の面積は$f \times \Delta g$となる。このほかに小さな長方形が残っているが、面積はたった$\Delta f \times \Delta g$。これはΔfやΔgと比べると非常に小さいはずなので、やっぱり無視する。

すると、長方形の面積の増加分は、ほぼ、

$$\Delta f \times g + f \times \Delta g$$

だということになる。これを Δx で割って、

$$\frac{\Delta f}{\Delta x} \times g + f \times \frac{\Delta g}{\Delta x}$$

さらに Δx を 0 に近づければ、

$$\frac{df}{dx} \times g + f \times \frac{dg}{dx}$$

に近づくことがわかる。$\frac{df}{dx}$、$\frac{dg}{dx}$ といちいち書くのは面倒なので、それぞれ、f'、g' と書くことにすると、

$$(fg)' = f'g + fg'$$

あの「積の微分公式」が得られた。「積の」微分公式というのは、f と g を掛け算した式(=積)を微分したもの、という意味だったのだ。

未知から既知へ

積の微分公式を利用すると、楽ができる。

さっそくこの公式を使って、$n=4$ の場合の微分 $(x^4)'$ をやってみよう。やり方はいくつかあるが、ひとつの方法として、「x^4 は、$x^3 \times x$ だ」と思うことにする。

微分の存在意義

$$(x^4)' = (x^3 \times x)'$$

$$(fg)' = f' \times g + f \times g'$$

$$(x^3 \times x)' = (x^3)' \times x + x^3 \times x'$$

図65　積の微分公式を使ってみる

そうすると、**図65**のように積の微分公式が使える。3乗の微分は、先ほど一緒に考えた。そう、立方体で考えると3枚の壁が出てくる、というものだ。

壁の例から、$(x^3)' = 3x^2$ だということはわかっているので、それを利用すると、

$$
\begin{aligned}
(x^4)' &= (x^3 \times x)' \\
&= (x^3)' \times x + x^3 \times x' \\
&= 3x^2 \times x + x^3 \times 1 \\
&= 3x^3 + x^3 \\
&= 4x^3
\end{aligned}
$$

となるわけだ。

> ほら、ちょっと変形しただけで、新しい微分公式 $(x^4)' = 4x^3$ が導かれたでしょ。

> なるほど。他のやり方もあるの?

x^4 を $x^2 \times x^2$ だと思って、積の微分公式を使って計算してもかまわないし、$x \times x \times x \times x$ と思って計算しても OK だ（この場合は、積の微分公式を何度も繰り返して使うことになるが）。

積の微分公式は 17 世紀、ニュートンによって考えだされた。これは、人類にとって極めて大きな進歩であった。

なぜなら、積の微分公式のおかげで、微分の世界が絵から計算になったからだ。絵で考えるほうが取っつきやすいとはいえ、いくらなんでも限度がある。何乗もの計算をするのに、正方形や立方体をいちいちイメージするとなると、かえって面倒くさい。そんなとき、積の微分公式を使って計算すれば、たちどころに答えが出せる。

積の微分公式の素晴らしい点は、それだけではない。「未知の微分」でも、「既知の微分」をもとにして導けるようになったこと。これは大きい。

たとえば「x^5 の微分」を考えたい場合にも、さっきと同じようにすればよい。つまり、x^5 は $x^4 \times x$ と同じだから、積の微分公式を使って、

$$
\begin{aligned}
(x^5)' &= (x^4 \times x)' \\
&= (x^4)' \times x + x^4 \times x' \\
&= 4x^3 \times x + x^4 \times 1 \\
&= 4x^4 + x^4 \\
&= 5x^4
\end{aligned}
$$

とすれば OK なのだ。また、新しい公式 $(x^5)' = 5x^4$ が、いとも簡単に得られた。

このように、「1小さい次数の微分公式にxを掛けて、もとの次数の式を1つ足す」という操作を順ぐりに繰り返していくと、次のようになる。

$$(x^n)' = nx^{n-1}$$

これで、96ページでみた、「べき乗の微分公式」が確かめられたことになる。

商の微分公式

高校の教科書には、**商の微分公式**というのも載っている。

$$\left(\frac{f}{g}\right)' = \frac{f'g - fg'}{g^2}$$

学校で暗記した人が多いと思うが、これもその必要はない。なぜなら、積の微分公式と本質的に同じものだからだ。

そこで実際に、積の微分公式から商の微分公式を導いてみよう。

すなわち、今回のゴールは次の式を計算することだ。

$$\left(\frac{f}{g}\right)'$$

第2章 微分とはどういうことか

そこで、

$$\frac{f}{g} \times \square = \bigcirc$$

という形を考えたい。なぜなら、両辺に積の微分公式

$$(FG)' = F'G + FG'$$

をあてはめると（f、g と混乱するといけないので、F、G としてある）、

$$\left(\frac{f}{g}\right)' \times \square + \frac{f}{g} \times \square' = \bigcirc'$$

これを計算したい！

という形になって、上手くいきそうだからだ（ここでは F が $\frac{f}{g}$、G が □ を表す）。

　□ に g を入れれば、○ は f になるから、

$$\frac{f}{g} \times \boxed{g} = \boxed{f}$$

となる。この両辺を微分して、

108

$$\left(\frac{f}{g}\right)' \times g + \left(\frac{f}{g}\right) \times g' = f'$$

となる。これを$\left(\frac{f}{g}\right)'$について解くと、

$$\left(\frac{f}{g}\right)' = \frac{f'g - fg'}{g^2}$$

となる。これが商の微分公式だ。

丸暗記したものはひとつの用途にしか使えないけれど、本質を理解してしまえば、導き出せる公式の種類は掛け算で増えていく。数学の醍醐味である。

べき乗の微分公式をさらに拡張する

さて、前々項で「べき乗の微分公式」について考えた。この公式によれば、$n = 1, 2, 3, \cdots$に対して、

$$(x^n)' = nx^{n-1}$$

が成り立つことがわかった。

ところが、話はそれだけでは終わらない。じつは、nがマイナスのときや分数のとき、あるいは$\sqrt{2}$やπなどの「実数」に対しても、べき乗の微分公式が成り立つのだ。

さて、なぜ公式が成り立つのか——という話になると、高校ではやけに難しげな概念が登場する。

第2章 微分とはどういうことか

> 私の高校では、logを使って説明されたけど。そもそも、logって何よ(怒)

> ふつうの教え方はそうだが、ちょっと大げさだな。そんな大道具を持ちださなくても、「積の微分公式」があれば説明できるんだが……。

あらためて、「べき乗の微分公式」を書き換えてみよう。

今回は、「実数 α（アルファ）に対して」次のような公式が成り立つ。

$$(x^\alpha)' = \alpha x^{\alpha-1}$$

この公式に正式名称はないが、言ってみれば「拡張されたべき乗の微分公式」だ。

なお、記号 α が出てくる理由は、ここに入るのは、$n = 1, 2, 3, \cdots$ のような自然数とは限らないからだ。n と書くと自然数を連想して混乱させてしまうかもしれないので、誤解を避けるため、n の代わりに α を使った。

この公式は、積の微分公式を使うと導くことができる[*7]。さっそく「拡張されたべき乗の微分公式」において、$\alpha = \dfrac{1}{2}$ の場合を考えてみよう。

最初に、$\alpha = \dfrac{1}{2}$ を代入すると、$x^{\frac{1}{2}}$ となる。$x^{\frac{1}{2}}$ は $\sqrt{x}$ と同じだ。なぜなら、一般に、

$$(x^{\frac{1}{2}})^2 = x^{\frac{1}{2} \times 2} = x$$

だから。つまり、$x^{\frac{1}{2}}$ は 2 乗すると x になる数、つまり $\sqrt{x}$ ということになる。

したがって、$x^{\frac{1}{2}}$ の微分は、$\sqrt{x}$ の微分と同じだ。

ルートは、「2 乗したらもとの数になる」という性質がある。たとえば、$\sqrt{2}$ は 2 乗したら 2 になる（$\sqrt{2} \times \sqrt{2} = 2$）。同じように、

$$x = \sqrt{x} \times \sqrt{x}$$

として、積の微分公式を当てはめると、次のようになるはずである。x を微分すると 1 になる、というところから始めてみよう。

$$\begin{aligned}
1 &= x' \\
&= (\sqrt{x} \times \sqrt{x})' \\
&= (\sqrt{x})' \times \sqrt{x} + \sqrt{x} \times (\sqrt{x})' \\
&= 2\sqrt{x} \times (\sqrt{x})'
\end{aligned}$$

この両辺を $2\sqrt{x}$ で割ると、

$$(\sqrt{x})' = \frac{1}{2\sqrt{x}}$$

となる。

第2章 微分とはどういうことか

$$\boxed{\frac{1}{\sqrt{x}} = x^{-\frac{1}{2}}} \qquad \boxed{-\frac{1}{2} = \frac{1}{2} - 1}$$

$$\frac{1}{2\sqrt{x}} = \frac{1}{2}x^{-\frac{1}{2}} = \frac{1}{2}x^{\frac{1}{2}-1}$$

$\underset{\alpha}{\uparrow} \qquad \underset{\alpha-1}{\uparrow}$

　このように式を変形させていくと、たしかに $\alpha = \frac{1}{2}$ のとき、「拡張されたべき乗の微分公式」が成り立っていることがわかる。

　高校の標準的なカリキュラムでは、対数（log）を使って微分する「対数微分」という方法を使って説明される。しかし、対数微分まで使わなくても、積の微分公式を応用すれば、もっと簡単に理解できてしまうのだ。

さまざまな関数たち

山と渓谷

電話口で、**図66**のような関数の形を伝えなければならないとしたらどうだろう。

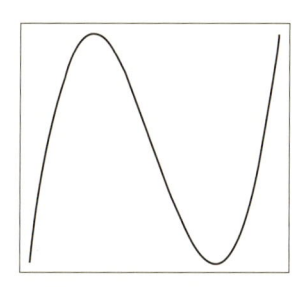

図66 関数の形とは何か？

携帯電話のカメラで写真を撮ってメールする、ということもできるが、「口頭で」伝えるとしたら？

> 「Nの角が丸くなったような形」って言えばいいんじゃない？

> それで十中八九は伝わるはずだ。相手がNの形を知っているはずだからな。Nの形は、「山が1つあって、その右に谷が1つある」ってわけだ。

つまり、関数の形の「特徴」を決めているのはすべての点における値ではない。

重要な情報は、「山」と「谷」である。

例えば、「谷、山、谷というように変化する関数」と言われたら、ざっくり**図67**のような関数をイメージするだろう。

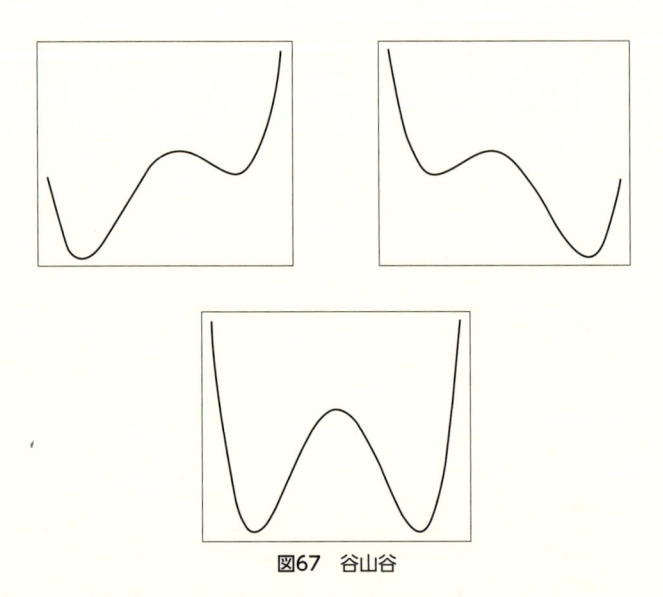

図67 谷山谷

人によって想像する形はやや異なるかもしれないが、どれも当たらずとも遠からず、といったところではないだろうか。

さらに追加情報として、山や谷の位置（x座標とy座

標)、山の高さ、谷の深さがわかれば、それらの相違もだんだんと解消していくだろう。

たとえば、口頭でこんなふうに伝えられたらどうだろうか。

$x = -1$ に谷があって、その深さ(y座標)は-1
$x = 0$ に山があって、その高さ(y座標)は3
$x = 1$ に谷があって、その深さ(y座標)は-1

それ以外に山も谷もない、と言われたら、関数のおよその形(概形)を描くことができるだろう。

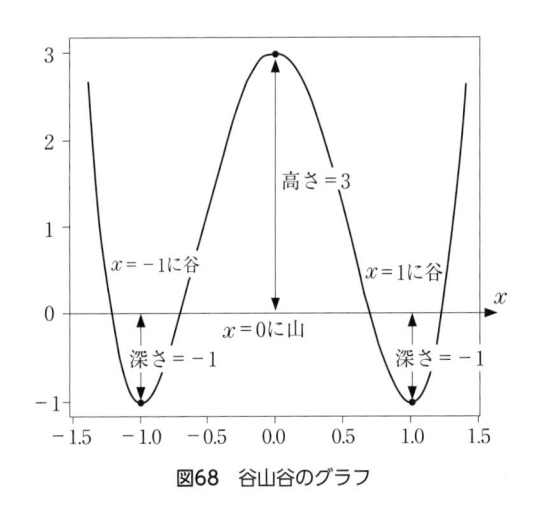

図68 谷山谷のグラフ

ここまでわかれば、関数の形はかなり正確にイメージできる。つまり、私たちが形を認識するときには、形すべての情報(各点の座標すべて)を見る必要はない。私たちが

形を認識するときに見ているのは、形そのものではなく、その特徴なのである。

細かいことを言えば、山と谷をつなぐカーブは無数にあるので、関数の細かい形はわからない。しかし、およそどんな形なのかは、山と谷の情報だけで何となくわかる。すべての関数の値がわからなくても、関数の概形は描くことができる。

接線を知る

問題は、「どうやって山と谷を計算すればいいのか」ということだ。これを知るために、微分の「意味」を絵で描いてみよう。

すでに説明したように、$\frac{\Delta y}{\Delta x}$において、$\Delta x$を0に近づけたものを微分という（**図69**）。

xがちょっと（Δx）だけ増えたとき、
yがΔyだけ増えるときの比率

$$\frac{\Delta y}{\Delta x} \to \frac{dy}{dx}$$

Δxを0に近づける

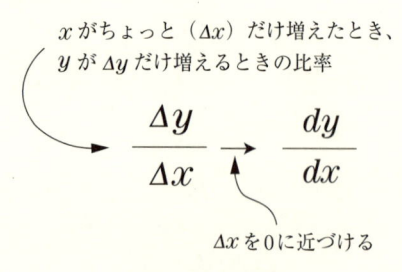

図69　微分の意味

これを絵にすると、**図70**のようになる。
図70の太線の傾きは、ちょうど

$$\frac{\Delta y}{\Delta x}$$

というふうに書ける。Δx を 0 に近づけてみると、太線は**図70**の点線に近づいていく。この点線を、点 P における**接線**という。

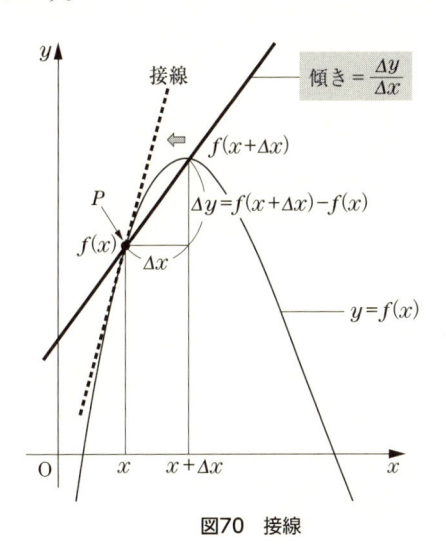

図70 接線

「$\frac{\Delta y}{\Delta x}$ において、Δx を 0 に近づけたもの」、つまり、

$$\frac{dy}{dx}$$

が微分である。これは、ちょうど「点 P における接線の傾き」と一致する。微分とは**接線の傾き**なのだ。

接線の傾きには、重要な意味がもうひとつある。それ

117

第2章 微分とはどういうことか

は、「関数の山頂と谷底をとらえられる」ことだ。山と谷において、接線の傾きがどうなっているかを見てみよう。

山に登っているとき、接線の傾きはプラスだ。頂上に着いた後は下りになるから、傾きはマイナスに変わる。プラスからマイナスに変わる山頂では、接線の傾きはぴったりゼロになっているはずだ（**図71**）。

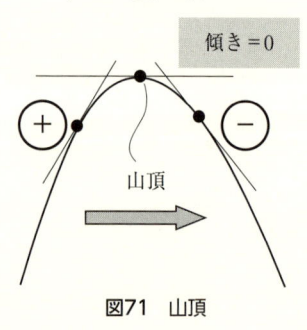

図71　山頂

一方、谷はどうか。谷を下っているとき、接線の傾きはマイナスである。谷底に着いた後は上り坂になるから、傾きもプラスに転じる。マイナスからプラスに変わる谷底では、接線の傾きは、やはりぴったりゼロになる（**図72**）。

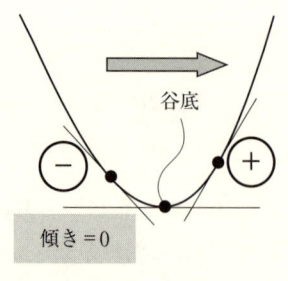

図72　谷底

ということは、「接線の傾きがゼロになる点がわかれば、山頂と谷底がわかる」ことになるはずだ。これこそ、微分法によって、関数の山と谷を知ることができる原理である。

　まとめると、山頂、谷底の近くにおける接線の傾きの変化は、次のようになる。

> （山頂の近く）　傾きプラス　⇒　傾き０　⇒
> 　　　　　　　傾きマイナス
> （谷底の近く）　傾きマイナス　⇒　傾き０　⇒
> 　　　　　　　傾きプラス

　注意が必要なのは、「接線の傾きがゼロ」になっていたとしても、そこは「山と谷のどちらでもない場合」があるということだ。
「山と谷のどちらでもない」とは、たとえば図73のような場合である。

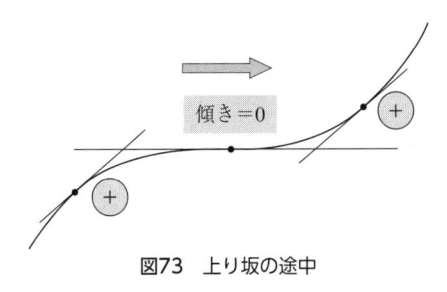

図73　上り坂の途中

　上り坂の途中で、一瞬だけ傾きがゼロになることがあるのだ。

やはりというか、**図74**のような場合もある。

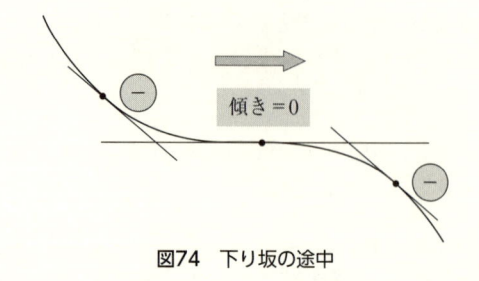

図74 下り坂の途中

これは、下り坂の途中でゼロになる、というものだ。

このように、階段の「踊り場」のような場所で、接線の傾きが一瞬ゼロになることがある。そこは山頂ではないし、谷底でもない。だから、傾きの変化まで含めて見ないと、山や谷であるかどうかはわからない。

このような場合があるとはいえ、微分による関数の形の要約パワーは素晴らしいものである。微分は、いわば虫メガネのように、「関数の局所的な形」を浮かび上がらせることができるのだ。

増減表からグラフを描く

関数を要約したいとき、もっとも役立つのが微分である。微分を利用して関数の傾きを調べ、グラフを描く方法を習得しよう。

山と谷、そして踊り場がわかれば、関数のおよその形がつかめる。よって、関数のグラフを描くことができる。「関数の山と谷と踊り場」を記録したものを、**増減表**とい

う。増減表は、たとえば**表2**のようなものである。

表2　関数の増減表

x	…	-1	…	0	…	1	…
$f'(x)$	$+$	0	$+$	0	$-$	0	$+$
$f(x)$	↗	-7	↗	0(極大)	↘	-23(極小)	↗

　じつは、増減表に「絶対こう書く」という決まりはないのだが、もっともシンプルな増減表は、こんなふうに書かれることが多い。

(1行目) xの範囲を書く。$f'(x)=0$となるxの値を、小さいほうから順に並べる。途中の値は「…」とする[*8]。
(2行目) $f'(x)$の符号を書き込む。
(3行目) $f(x)$の変化を書き込む。変化の書き方は次のようにする。
　　$f'(x)$の符号がプラスのときは、斜め上向きの矢印 ↗
　　$f'(x)$の符号がマイナスのときは、斜め下向きの矢印 ↘
　　$f'(x)=0$となるときは、そのxに対する$f(x)$の値(その前後で、↗ ↘ となっているときは、「極大(値)」、逆に ↘ ↗ となっているときは「極小(値)」と書き込む)

　「関数の増減表」というと大層に聞こえるけれど、こんな

ふうにけっこう単純なものなのだ。

なお、ここに出てきた「極大」「極小」という言葉は、ちょっと誤解されやすい。極大というのは、そのまま読むと「極めて大きい」だし、極小は「極めて小さい」である。

しかし、ここではそういう意味ではない。極大値は「その点の近くでもっとも大きい値」、極小値は「その点の近くでもっとも小さい値」という意味で使われているのだ。

英語でも、極大値は local maximum（局所的な最大値）、極小値は local minimum（局所的な最小値）という。あえて漢字3文字で表現するなら、「局大値」「局小値」のほうが近いように思うのは私だけだろうか。

さて、いったん増減表ができてしまえば、これをグラフにするのは難しくない。

増減表にしたがって、グラフ上に微分がゼロになる座標を描き入れていく（**図75**）。ここでは、$(-1, -7)$、$(0, 0)$、$(1, -23)$ の3点だ。

公式の呼び名ではないけれども、これらの点を「要点」だと考えるとわかりやすい。文字どおり、「要になる点」だからである。

「要点」をグラフに描き込んだら、増減表（**表2**）の矢印の方向にしたがって、なめらかにつないでいく。そうすれば、自動的にグラフができあがるはずだ（**図76**）。わかりやすいように、極大値、極小値などと描き入れれば完璧である。

さまざまな関数たち

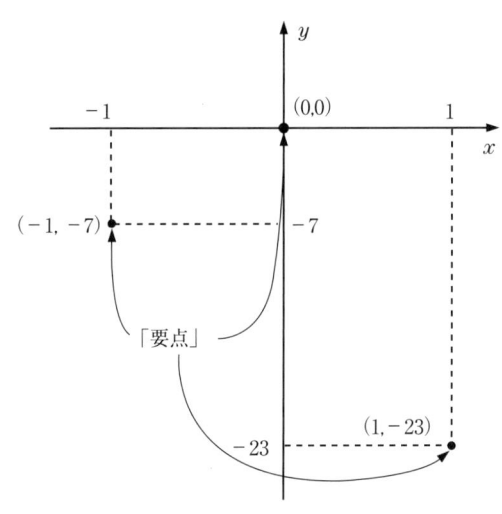

図75 「要点」を描き入れる

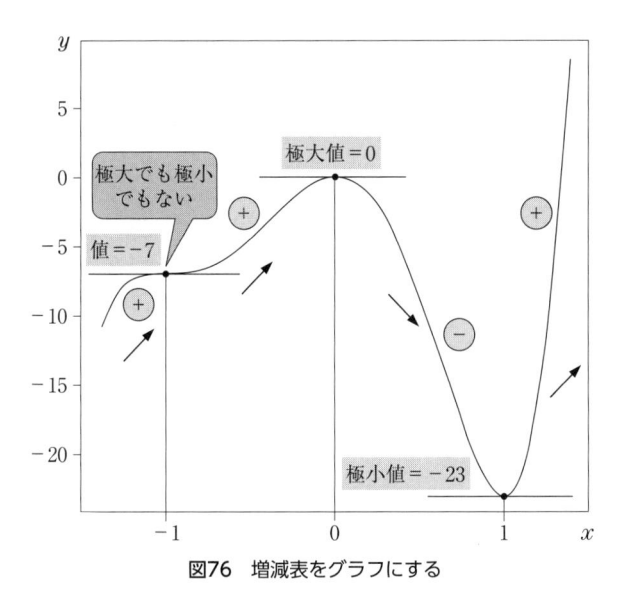

図76 増減表をグラフにする

最大値と最小値、極大値と極小値

　微分を利用した関数のグラフを描くとき、注意すべきことがひとつある。「最大値と極大値、最小値と極小値を、混ぜて書かない」ことだ。

　たとえば、物理学なら「エネルギーを最小化する」、経済学なら「利益を最大化する」という問題を解かなければならない場合がある。このような問題を解く際、機械的に、

$$微分 = 0$$

という方程式を解き、「要点」を計算すればOK、としてしまいがちだが、それは正しいやり方ではない。

　なぜなら、極大値が必ずしも最大値になるとはかぎらず、極小値が必ずしも最小値になるともかぎらないからだ。先に説明したように、極大値は「その点の近くで」最大という意味であり、そこから離れたところでも最大だとはかぎらない。極小値もしかり。

　ということを説教臭く述べるより、絵のほうがわかりやすいので、**図77**をご覧いただきたい。

　たとえば、xが-1.2から$+1.2$までの間を切り出して、そこだけを見ていれば、最大値は1.4、最小値は-1.4に見える。しかし、xの範囲を広げて、-2から$+2$にすると、最大値は4、最小値は-4になる。

図77　極大値は最大値にあらず

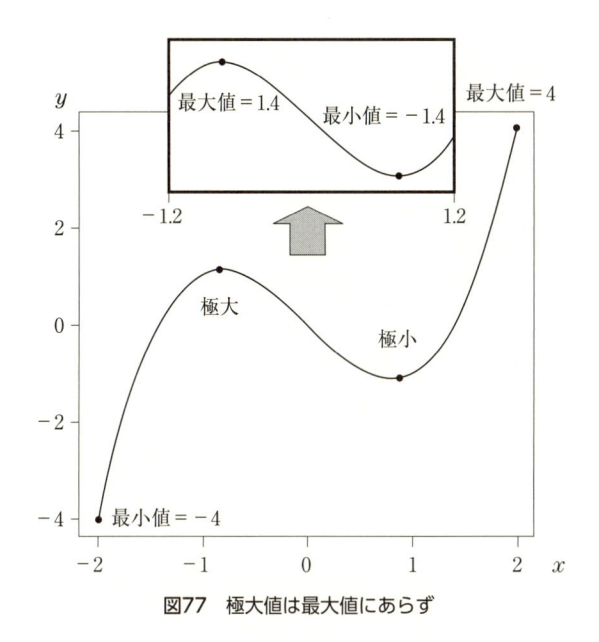

「範囲を変えれば、極大値は最大値でなくなることがあるし、極小値が最小値でなくなることもある」というわけだ。最大値、最小値は、xの範囲次第で変わってしまうのである。

グラフを手描きする意味

高校の定期試験では、関数のグラフを描く問題が必ず登場する。

しかし、今や関数のグラフを描くことなど簡単だ。本書に登場するグラフのほとんどは、「R（アール）」というソ

フトウェアを使って描かれている。Rは本来、統計データ処理のためのフリーソフトだが、グラフを描くこともできる。ちょっとした知識さえあれば、グラフを描くことはそれほど難しくない。グラフを描くソフトウェアには、この他にもさまざまなものがあるが、いずれも手で描くよりずっときれいに描ける。

ならば、わざわざ手描きすることに何の意味があるのか?

じつは、グラフを描くことそのものに大した意味があるわけではない。グラフを描く問題がテストに出るのは、ひとつには「微分で関数の変化がわかる」という事実を身体で覚えるためだ。これは、電卓があるのに掛け算の九九を覚え、筆算の練習をするのとよく似ている。体感しないことはすぐに忘れるし、公式だけ覚えていても実際に応用できないからだ。

もうひとつの理由は、教える側の都合である。グラフを描かせる問題は、微分のテストに便利だ。

グラフを描くためには、まず「もとの関数が微分できなければならない」。ここで微分できるかどうかがチェックできる。次に「微分がゼロになるxを求める必要がある」。ここで「微分 = 0」という方程式が解けるか、また、そのような点における値(極大値、極小値など)が求められるかチェックできる。そして、「微分がゼロとなる点のまわりにおける、微分の符号の変化を知る必要がある」。ここで、(ちょっと大げさだが)不等式が理解できているかチェックできる。そのうえでグラフを描かせれば、関数

の符号が変になっていないかなど、注意力までチェックできる。たとえば、常にゼロ以上の値しか取らない関数がマイナスになるようなグラフを描いたら、注意力が不足しているということだ。

このように、関数のグラフを描くためには、総合的な能力を必要とする。微積分以前に習う、方程式、不等式、関数などの知識を総動員しなければならない。

微積分が理解できない、と思っている人の半分くらいは、それ以前の数学に積み残しがあることが多い。そうした諸々の課題が微積分の問題を解く際の巨大な十字架となり、足取りが急激に重くなってしまうのだ。

> 微積分がわからないと思ってる人は、それ以前に習ったことを忘れているだけなのかもしれないわね。

> じつにもったいない。微積分以前の知識を忘れているだけで、微積分がわからないわけではないと思うぞ。

踊り場のある関数

関数のグラフに関しては、およそこれまで説明したことで足りる。しかし、考え方をもう一段深めると、現実問題への応用、とくに「関数の近似に関する知識」という副産

第2章 微分とはどういうことか

物が得られる。

そこで、これまでの極大、極小などの考え方に加え、高校でグラフを描く際に必ずと言っていいほど計算させられる**変曲点**を素材にして、「関数の近似＝関数の局所的な形」について考えてみよう。

関数のグラフを描く際には、「微分＝接線の傾きである」という事実を利用した。これは、「関数を直線（＝接線）で近似する」というやり方である。

しかし、極大値、極小値を取る点の近くを見てみると、関数の形は直線になっているだろうか。いや、むしろ山形、谷形だ。とすると、接線だけでは関数の形を十分にとらえきれない、ということになる。どうすればよいだろうか。

中学や高校で習う山形、谷形の一番シンプルな関数といえば、「2次関数＝放物線」だ。これを利用したらどうだろう。つまり、極大値を取る点の近辺では、直線よりも「上に凸な2次関数」のほうが関数の動きを適切に表している。極小値を取る点の近辺では、「下に凸な2次関数」のほうがベターだ。

そこで、実際の関数に2次関数を当てはめてみたのが、**図78**である。

近似する2次関数は、それぞれ「要点」を頂点とする放物線になっている。「要点」から離れると値のズレが大きくなってくるが、山頂と谷底の近くでは線が重なって、違いがあまり見えないくらいになっている。近似がうまくいっている証拠だ。

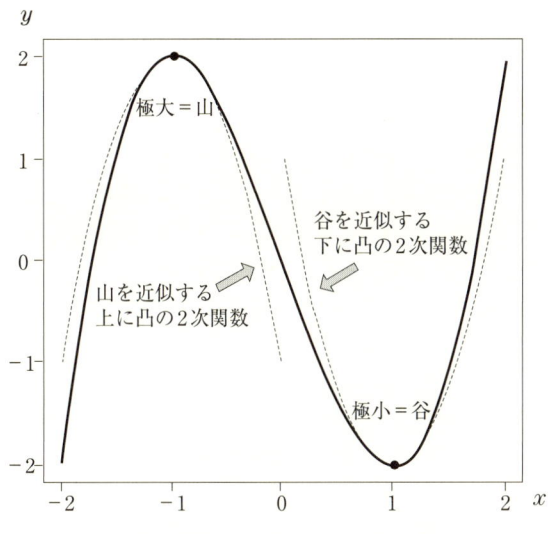

図78 関数を2次関数(＝放物線)で近似

関数は、簡単なほうから順に並べると、

$$1\text{次関数、}2\text{次関数、}3\text{次関数、}\cdots$$

となる。次数が上がるごとに、形が複雑になっていく（**図79**）。

そこで、関数 $f(x)$ を、1次関数、2次関数、3次関数でそれぞれ近似することを考えよう。ただし、近似といっても、「うまく近似できるかどうか」は場所によって異なる。**図78**で見たように、山頂や谷底では、1次関数よりも2次関数のほうがもとの関数をうまく近似できる。だから、どの点の近くで考えるかで、結果が違ってくる。

129

| 1次関数 | 2次関数 | 3次関数 |
| 4次関数 | 5次関数 | 6次関数 |

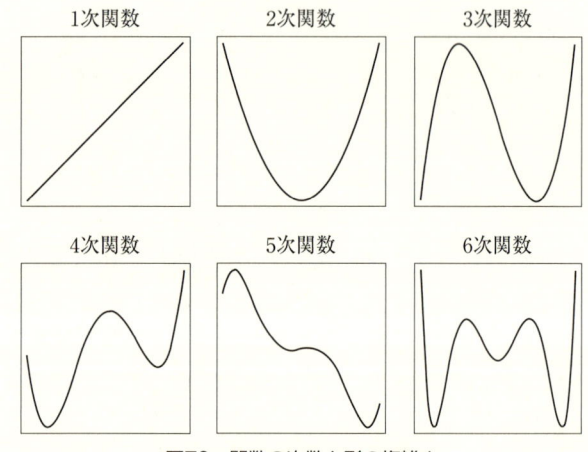

図79 関数の次数と形の複雑さ

　ほとんどの場合、1次関数、2次関数があれば、関数の特徴はつかまえられるのだが、例外もある。そのひとつは「踊り場」だ。

　図80の踊り場の近く（丸で囲んだ部分）は、3次関数でうまく近似できる。左側が x^3 のグラフで、右側は $-x^3$ のグラフである。踊り場は、丸で囲んだ部分をタテに伸び縮みさせれば、うまく近似できるのだ。

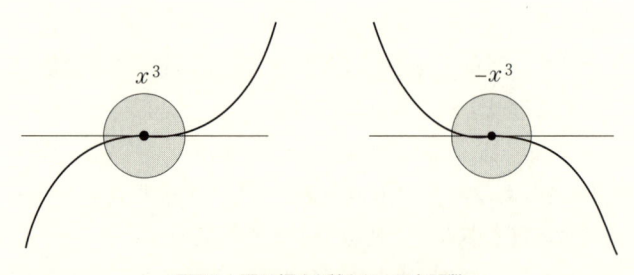

図80 踊り場を近似する3次関数

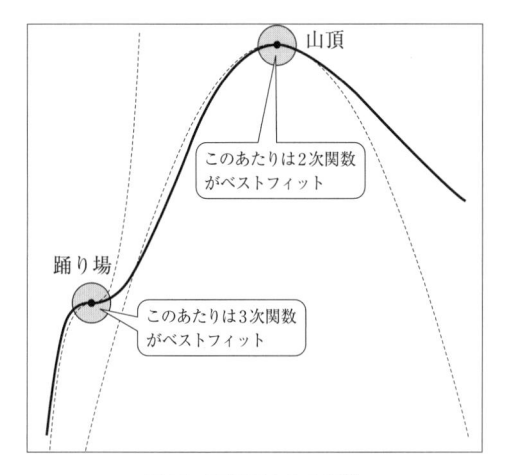

図81 踊り場のある関数

また、**図81**にも「踊り場」がある。点線は、この点の近くを近似する3次関数である。その部分は、たしかに3次関数がベストフィットしている。山頂のあたりは2次関数がうまく当てはまるのだが、踊り場部分ではそうはいかず、3次関数を使わないとうまく近似できない。

踊り場形ではない、3次関数のもうひとつの形は、**図82**のようなものである。

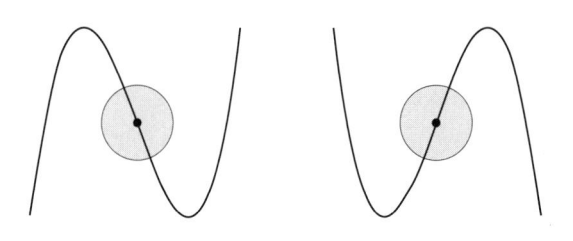

図82　N形と∿形

第2章 微分とはどういうことか

　左はアルファベットのNに似ている。右はNの左右を入れ替えたような形だ。ロシア語のИ（イー）に似ているので、私は勝手に「エヌ形」と「イー形」と呼んでいる*9。イー（И）形がベストフィットする例を、**図83**で見てみよう。

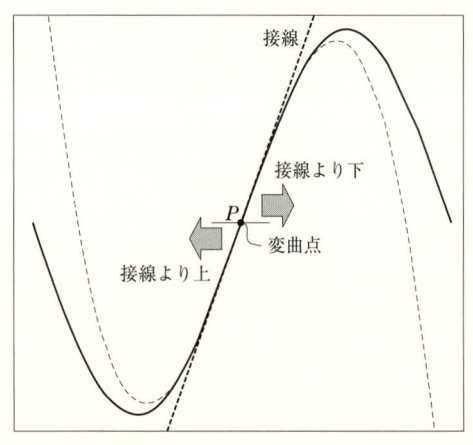

図83　И形がベストフィットする点

　図83の点Pの近くは、接線でもうまく近似できそうだ。しかし、接線と関数（曲線）の位置関係を見ると、「接線に対して、左側の点は接線より上、右側の点は接線よりも下になっている」という特徴がある。

　このような現象が当てはまらない例もある（**図84**）。

　この黒い点の近くでは、関数（曲線）は、接線の上に位置している。つまり、接点において、接線と曲線の上下関係は変わっていない。

　図83のように、「ある点を境に、接線との上下関係が

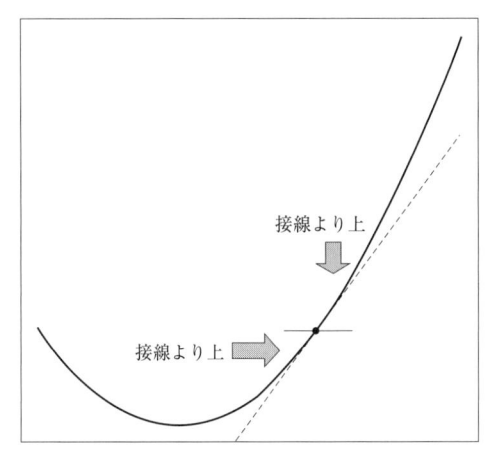

図84　関数(曲線)が、接線よりも上にある場合

逆転するような点」のことを、「変曲点」という。文字どおり、「曲がり方が変わる点」という意味だ。変曲点の近くでは、踊り場型かN形、И形のような形になっており、関数の変化の仕方が変わるのである。

ところで、関数$f(x)$を微分した$f'(x)$は接線の傾きを表すが、これをさらにもう1回微分すると、傾きの変化率がわかる。式で書くと、$f''(x)$となる。

これを使って具体的に、変曲点の前後で、接線の傾きがどう変化するかを考えてみよう。グラフがИ形のときは、「(傾きが)だんだん大きくなって」から、「だんだん小さくなる」。つまり、「傾き(微分)の変化率＝$f''(x)$」がプラスからマイナスに変わる。N形のときはその逆で、マイナスからプラスに変わる。だから、変曲点では傾き(微分)の変化率がちょうどゼロになるのだ。ここまでわかっ

てはじめて、グラフらしいグラフが描ける。

このような場合、1次関数や2次関数よりも、3次関数のほうが当てはまりがよい。**図83**の点線で描かれた曲線は、3次関数を当てはめたものだが、極めていい近似になっている。

微積分を応用するときには、複雑な形の関数が出てくるが、複雑な関数でも、1次、2次、3次関数で近似すれば、値を概算できるようになる。たとえば、三角関数の値を電卓で計算する際にも、こうした近似が利用されている。

微分は下心をもってせよ

夢のアイスクリームコーン

　私は小学生時代、アイスクリームのコーンの部分（**図85**）に、アイスをびっしり詰める遊びに熱中したことがある。

図85　アイスクリームコーン

　ふつう、アイスはコーンの上に載っているけれども、それを舌でぎゅうぎゅう押し込んでみるのだ。実際にやってみると、あまりたくさんは入らない。アイスを食べずに押し込んでみると、アイスはコーンの中に入り切らず、ちょっと余ってしまう。余ったアイスは、もちろん食べるわけだが。

　私は、ふと思った。「アイスが一番たっぷり入るコーンとは、どんな形なのか？」と。

　なにしろ小学生が考えるのだから、計算するのではなく実際に作ってみるしかない。

第2章 微分とはどういうことか

　実験のやり方は簡単だ。厚紙にコンパスで円を描き、**図86**のようなおうぎ形を作る。半径は、きりのよいところで 10 cm ということにした。

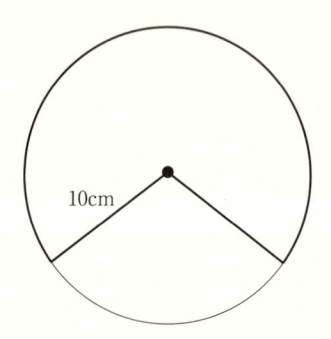

図86　厚紙にコンパスで円を描いておうぎ形を作る

　実際に実験するときには、厚紙に円を描いて切ってから、中心までまっすぐに切り込みを入れ（**図87**）、コーンの形に丸め、端をセロハンテープでとめる（**図88**）。

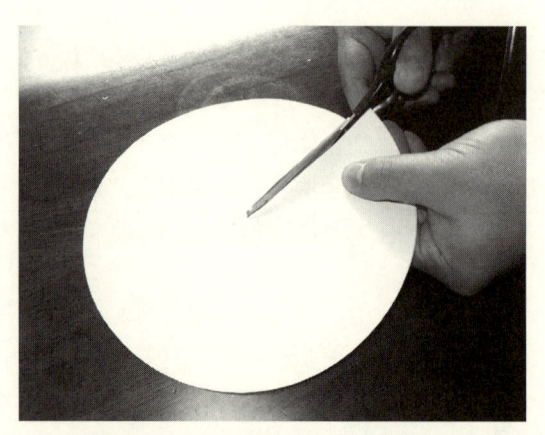

図87　丸く切った厚紙に切り込みを入れる

微分は下心をもってせよ

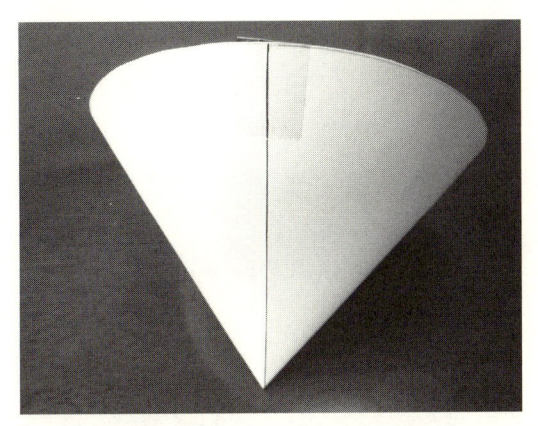

図88 端をセロハンテープでとめる

　出来上がったコーンの模型が、**図89**である。おうぎ形の角度を変えるには、厚紙の切り込みをずらせばよい。このコーンに砂場の砂（アイスの代わり）を入れて、その量を測るのである。

図89 上から見たところ

137

第2章 微分とはどういうことか

いろいろと研究してみた結果、容積最大のアイスクリームコーンは、**図90**のようにずいぶんと浅いコーンになってしまった。

図90 理想のアイスクリームコーン？

図90より深くても浅くても、容積は小さくなってしまう。ちょうどいい塩梅にすると、こんなに浅いコーンになってしまうのである。これでは、アイスクリームコーンとは言えまい。あえて言えば菅笠だ。これは、かなり意外なことではないだろうか。もっと深いコーンのほうが、アイスがたくさん入るような気がするではないか。

この実験は、「試して作る」という素朴な方法なので、底面の半径や深さが正確には求まらない。小学生の限界である。

しかし、私たち大人は、この疑問を正確に解決することができる。問題を定式化しよう。

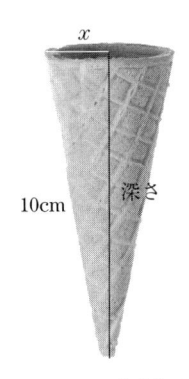

図91 問題を定式化する

まず、コーンの底面の半径を x(cm)とする。すると三平方の定理より、

$$コーンの深さ = \sqrt{100-x^2}\,(\text{cm})$$

になる。ここでは話を簡単にするため、厚みは無視して、体積と同じになることにする。底面の円の面積は、πx^2 (cm^2) だ。

コーンの容積 y を計算するのだから、円錐の体積の公式を使おう。つまり、

底面積(πx^2)×高さ(コーンの深さ=$\sqrt{100-x^2}$)×$\dfrac{1}{3}$ から、

$$y = \frac{1}{3}\pi x^2 \sqrt{100-x^2}$$

と表すことができる。

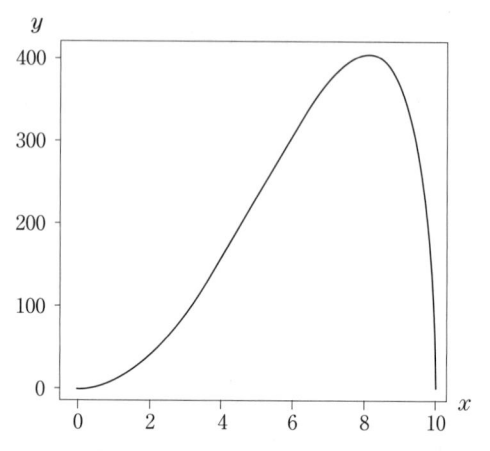

図92 底面の半径とアイスクリームコーンの容積の関係

これをパソコンのソフトを使ってグラフにしてみると、**図92**のようになる。

見ると、「容積が最大になるのは、底面の半径が8cmのあたりだ」ということがわかる。だが、正確な値はいくつになるのか？ これを計算してみたい。

ルートがあって関数が複雑なので、「容積が最大」の意味を考え直してみる。すなわち、「容積が最大」のとき「容積の2乗も最大」だし、逆に「容積の2乗が最大」なら「容積も最大」になるはずだ。

つまり、

「y が最大になるような x を求める」

という問題を解くためには、

「y^2 が最大になるような x を求める」

という問題を解けばよい。2乗すればルートが外れるので、これはありがたい話である。

そこで、y^2 は、

$$y^2 = \frac{1}{9}\pi^2 x^4 (100 - x^2)$$

と書ける。$\frac{1}{9}\pi^2$ は定数だから x の値が変化しても変わらないので、問題を解くためには、

$$f(x) = x^4(100 - x^2) = 100x^4 - x^6$$

を最大にする x を計算すればよいことになる。

ということは、接線の傾きがゼロになるところを探せばよい。言い換えれば、$f'(x)$ を計算して、$f'(x) = 0$（微分＝0）になる x を求めれば OK である。

$f'(x)$ を計算するときには、「足してから微分するのと、微分してから足すのは同じ」、「引いてから微分するのと、微分してから引くのは同じ」という性質があることを使う。

どうしてそうなるのか、ざっくり説明しよう。x が Δx だけ増えるとき、関数 g と h のそれぞれの増加分を Δg、Δh とすると、$g + h$ の増加分はその合計で、$\Delta g + \Delta h$ になる（**図93**）。

図93 $g+h$の増加分

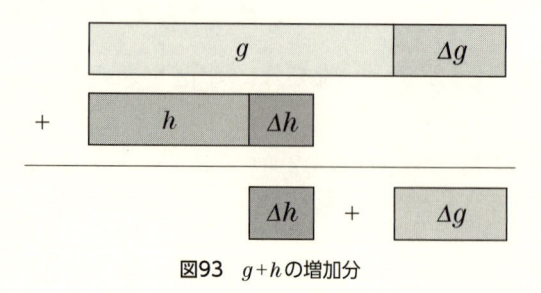

これを Δx で割ったものは、

$$\frac{\Delta g + \Delta h}{\Delta x} = \frac{\Delta g}{\Delta x} + \frac{\Delta h}{\Delta x}$$

となる。ここで、Δx を 0 に近づければ、

$$\frac{\Delta g}{\Delta x} + \frac{\Delta h}{\Delta x} \longrightarrow \frac{dg}{dx} + \frac{dh}{dx}$$

となる。

つまり、「足してから微分するのと、微分してから足すのは同じ」なのだ。これは引き算でも同じことで、「引いてから微分するのと、微分してから引くのは同じ」である。

これを使えば、96ページで説明した「べき乗の微分公式」より、$(x^4)' = 4x^3, (x^6)' = 6x^5$ になるので、これらを代入して、

$$f'(x) = 400x^3 - 6x^5 = x^3(400 - 6x^2)$$

である。これが0になるようなxを求めればよい。

$$x^3(400-6x^2)=0$$

ということは、

$$400-6x^2=0$$

となればよいので、

$$6x^2=400$$

つまり、

$$x^2=\frac{400}{6}$$

となる。ここで $0<x<10\,\mathrm{cm}$ の範囲にあるのは、

$$x=\sqrt{\frac{400}{6}}=8.164965\cdots\mathrm{cm}$$

となった。ほとんど8cmだ。

ここから深さを割り出すと、

$$\sqrt{100-x^2}=\sqrt{\frac{100}{3}}=5.773502\cdots\mathrm{cm}$$

になる。およそ5.8 cmだ。比率を変えないようにアイスクリームコーンを加工してみると、**図94**のようになる。

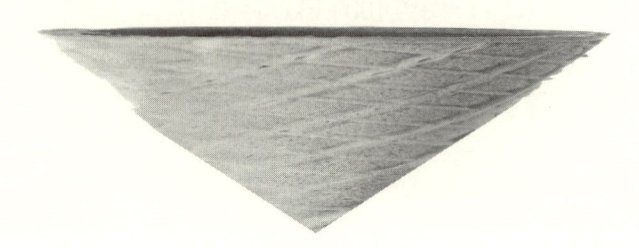

図94 理想のアイスクリームコーン

> こんなアイスクリームコーンは嫌だな、私は。わはは。

無視する／しないの境界線

　第1章では、さまざまな図形を切り刻み、長方形や直方体、あるいは円板の集まりだと思って面積や体積を計算する「積分」の方法について説明した。ようするに、細かく刻めば刻むほど近似がよくなる、つまり「小さくすることに意味がある」と。

　これに対して、第2章では、微分するとき、「ちょっとしか変化しない部分を無視する」と説明した。

　強引に感じた読者もいると思う。なぜ「積分では小さい

部分に意味があり、微分ではささいな部分を無視してもよい」ということになるのか。何を無視して何を無視しないかが判然としないじゃないか、と。

この強引さは、微積分が「目的」を持っているところからくる。微積分を使う際にもっとも重要なことは、目的を叶えられる程度に小さな部分を無視し、近似することである。下心を持ちながら、何らかの成果を狙ってやっていることなのだ。

微積分は、純粋な興味だけで発展してきた数学ではない。微積分に登場するさまざまな概念や計算技術は、理由なく出てきたものではなく、いかなる概念、計算技術にも、目的意識が必ずある。微積分は体系化された学問だが、実際のところ、それは膨大な方法論の集積である。深遠な部分もないわけではないが、大部分は「こう考えたらうまくいった」という話を集めたものなのだ。

高校で微積分を習った人なら薄々気づいていると思うが、「こういうときはこの公式を使うとうまくいく」、というのは純粋に方法論で、うまくいく理由を説明することはめったにできない。これはもっと高度な微積分（解析学）でも同じことで、先端にいけばいくほど、方法論的な感じが強まってくる。つまり、そこには何らかの目的がある。

気まぐれに細かい部分を珍重したり、しなかったりしているわけではなく、数学的に前進できるからやっているというのが真相だ。ここを追求すれば便利なものが出てくるな、と思うからやっているわけだ。細かい部分が重箱の隅として無視できるかどうかは、「そこからポジティブな成

果物が出てくるかどうか」で判断される。微積分は、成果主義なのだ。

第3章
微積分の可能性を探る

第3章　微積分の可能性を探る

1800年目の真実

反軍隊式勉強法

　ちらし寿司を作るのは、むずかしい。酢飯を作り、具を煮つける。それぞれの食材に合わせて前日から仕込みをするなど、丁寧な下ごしらえが欠かせない。根気のいる作業だ。

　しかし、作っている本人は、目的を達成するために必要だとわかっているので、面倒な作業でもこなすことができる。「完成形のちらし寿司」のイメージが重要なのだ。もし「ちらし寿司を作る」という目的を知らされず、延々、穴子や小鰭の下ごしらえをさせられたら――いくら我慢強い人でも、ちょっとうんざりしてしまうのではないだろうか。

　学校で微積分を教わるやり方は、後者に近い。あとで使うことを、もれなく用意しておくのが最優先だ。準備万端整ったところで、「前にこんなことを勉強しましたね。では、次にこれを使いましょう」という具合に進んでいく。最後まで作業の「意味」を知らせないまま、ゴールへと導く。

> いわば、軍隊式の説明法だな。

> 口が悪いんだから。良いところだってあるんでしょ？

　この方法の利点は、必要になったとき、準備された知識を前提に話が展開できるということで、教科書を書く側にとっては都合がよい。ページが節約できるし、説明時間の短縮にもなる。短い時間で多くを教えようとする学校というシステムには、都合がよい方法だ。

　しかし、学ぶ側の立場になってみると、ゴール地点を知らされずに走り続けるようなものである。いくら義務だとはいえ、目的意識なしで勉強するのは、ちょっとつらいと思うのだ。

　そこで本書は、できるだけ「問題解決型」で説明したいと思う。前章で述べたように、微積分には必ず目的があり、そのためには必ず解決すべき具体的な問題があるはずだからだ。

　本章では、「学校で習ったけれど、どうも腑に落ちない」という話題を考えながら、微積分の本質をつかんでいきたい。

第3章　微積分の可能性を探る

偉大な発見は未来の当たり前になる

「微分積分学の基本定理」は、微積分におけるキモだ。マグロで言えば、大トロに当たるほどの最重要定理である。高校の教科書にも必ず載っていて、「微分と積分は逆の操作である」等と書かれている。

　たしかに、この記述は間違ってはいない。正しいかと言えば、もちろん正しい。

> 微分積分学の基本定理は、「微分と積分が逆」ってわけね。で、それがどうしたの？

> う〜ん、この定理の深みが伝わってないようだな。積分法が発見されてからニュートンによって微分積分学としてまとめあげられるまでに、約1800年もの年月が必要だったほど深遠な事実なんだが。

「微分と積分は逆の操作である」という、あまりにも簡潔な一文が、具体的には何を意味しているのか。その本質をぜひ、知ってほしい。

　円と球。どこか似ている物体だ。円と球について、こんな話がある。

(1)「円の面積」を微分すると「円周の長さ」になり、
(2)「球の体積」を微分すると「球の表面積」になる。

なんだかできすぎた話だが、これらは本当なのだろうか。

(1) 半径 r の円の面積は、以下のように表される。

$$\pi r^2$$

r で微分すると、

$$2\pi r$$

になる。これは、半径 r の円周の長さとまったく同じだ。

(2) 半径 r の球の体積は、

$$\frac{4}{3}\pi r^3$$

である。r で微分してみると、

$$4\pi r^2$$

だ。これは半径 r の球の表面積の公式になる。

第3章 微積分の可能性を探る

> なんだか狐につままれたような気分。これは偶然の話かしら?

> じつは、偶然ではない。計算だけではなく、図にしてみよう。どんな関係になっているのか、一目瞭然だ。

(1) 半径 r の円(円板)の面積を、r の関数として次のように表すとしよう。

$$S(r) = \pi r^2$$

そのうえで例によって、「円の半径を Δr だけ増やしたとき、面積がどれだけ増えるか」を考えてみる。

図95の大きな円をご覧いただきたい。円の半径が Δr だけ長くなったとき、どこが増えているだろうか。

それは、薄いリング状になった部分だ。このリングの面積を表すとしたら、ほぼ、

円周の長さ $\times \Delta r$

になるはずである。つまり、面積の増加分(ΔS)は、

$$\Delta S \fallingdotseq 円周の長さ \times \Delta r$$

$$S(r) = \pi r^2$$

円周の長さ×厚み

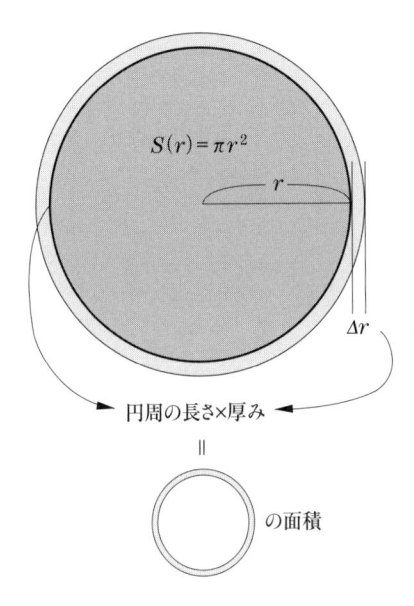

= の面積

図95 円板を微分する

ということになる。

ここで「だいたい同じ（≒）」という記号が出てきた。なぜなら、外側の円の周の長さのほうが、内側の円の周の長さよりもほんの少し長いからだ。必要なものだとはいえ、「だいたい」というのは中途半端で嫌な感じだ。できれば、イコールですっきりさせたい。

そのためには、まず両辺を Δr で割って、

$$\frac{\Delta S}{\Delta r} ≒ 円周の長さ$$

としてから、$\Delta r \to 0$ の極限を取る。すると、「だいたい」

が取れ、

$$\frac{dS}{dr} = 円周の長さ$$

となって、

「円の面積」の微分 = 「円周の長さ」

が確かに成り立つ。

(2)「球の体積の微分 = 球の表面積」についても、(1) と同じ要領で考えることができる。

半径 r の球の体積は、

$$V(r) = \frac{4}{3}\pi r^3$$

である。

円の場合と同じように、「球の半径を Δr だけ増やしたとき、体積がどれだけ増えるか」を考えてみよう。

体積の増加分は、**図96**で言えば、極薄の皮のような部分だ。ピンポン玉にたとえると、セルロイドでできた部分(ピンポン玉そのもの)と言えばよいだろうか。**図96**は見やすいよう、大げさに厚みをつけてある。この薄皮の体積は、ほとんど

$$球の表面積 \times \Delta r$$

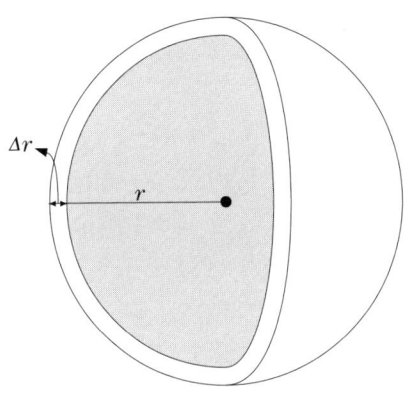

図96 球体を微分する

になるはずだ。

つまり、体積の増加分 ΔV は、

$$\Delta V \fallingdotseq 球の表面積 \times \Delta r$$

ということになる。円の場合と同じように、両辺を Δr で割って、$\Delta r \to 0$ の極限を取れば、

$$\frac{dV}{dr} = 球の表面積$$

となる。先ほど、円の面積の微分は円周の長さになったが、それと同じ原理で、

$$「球の体積」の微分 = 「球の表面積」$$

第3章　微積分の可能性を探る

が成り立っていることがわかる。

以上のことから、冒頭の不思議な話（1）、（2）が成り立つ理由がわかった。

じつはこの関係こそが、「微分積分学の基本定理」なのである。第1章と第2章では、積分と微分をバラバラに取り扱ってきたけれども、2つは同じものを別の角度から見ているだけだったのだ。詳しく言うと、次のようになる。

第一に、「円の面積を微分する」ということは、究極的には（Δr を0に近づけた極限では）円を薄いリングに分ける操作だと考えることができる。つまり、ざっくり言うと、

**円板から同心円上に並んだ、
薄いリングの1つを取り出すこと。**

これが微分だ。

一方で、

**極薄のリングの面積を合計すれば、
円の面積が求められる**

ことになる（**図97**）。これは積分だ。

円周の長さ $L(r)$ に Δr を掛けたリングの面積（$\fallingdotseq L(r)\Delta r$）を合計すれば、円の面積になる。だから、円の面積 πr^2 は、

$L(r)=2\pi r$

Δr

薄いリングの面積 $= L(r)\Delta r$

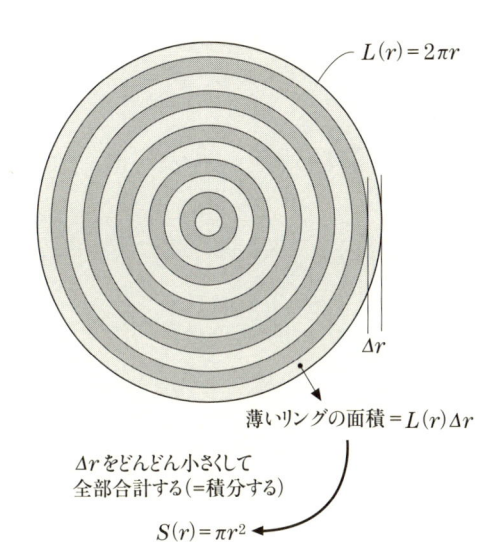

Δr をどんどん小さくして
全部合計する(=積分する)

$S(r)=\pi r^2$

図97　こんどは薄いリングの面積を合計する

$$\pi r^2 = \int_0^r L(r)\,dr = \int_0^r 2\pi r\,dr$$

に等しいということになる。つまり、

$$\int_0^r 2\pi r\,dr = \pi r^2$$

が成り立つ。この両辺を 2π で割れば、

$$\int_0^r r\,dr = \frac{1}{2}r^2$$

という式が得られる。

第二に、球に関しても、「表面積 $\times \Delta r$」を合計すれば、球全体の体積が求まるはずである。だから、

$$\int_0^r 4\pi r^2 dr = \frac{4}{3}\pi r^3$$

が成り立つことになる。この両辺を 4π で割れば、

$$\int_0^r r^2 dr = \frac{1}{3}r^3$$

になる。

微分の公式

$$(r^2)' = 2r$$
$$(r^3)' = 3r^2$$

を追いかけていたら、積分の公式

$$\int_0^r r\,dr = \frac{1}{2}r^2$$

$$\int_0^r r^2 dr = \frac{1}{3}r^3$$

が得られてしまった。

つまり、薄いリングのような

断片に「分割」する操作が微分

であり、逆に、

断片を「合計」する操作が積分

である（**図98**）。

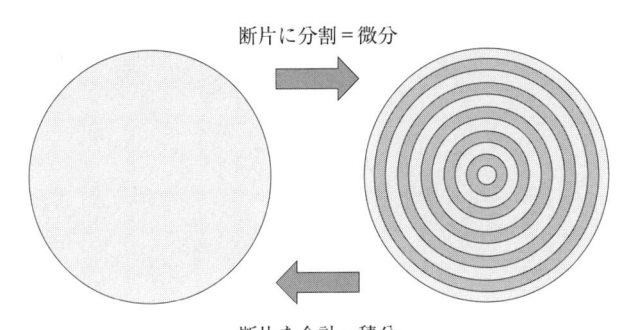

断片に分割＝微分

断片を合計＝積分
図98　微分と積分の関係

微分と積分は、コインの裏表のように真逆の関係なのだ。

基本定理の使い方

「微分積分学の基本定理」は、わかってしまうとじつに単純な話である。しかし、この定理の凄みは、応用範囲が広いところにある。ふつうっぽく見えるわりに、使いでがあるのだ。

その一例として、「べき乗の微分公式」

$$(x^\alpha)' = \alpha x^{\alpha-1}$$

第3章　微積分の可能性を探る

から、「べき乗の積分公式」を作ってみよう。

微分積分学の基本定理によると、べき乗の微分公式の意味は、**図99**のように表現できる。

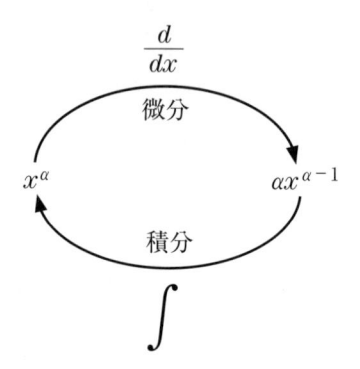

図99 べき乗の微分公式から積分公式を作る

つまり、べき乗の微分公式は、

$$\alpha x^{\alpha-1} \text{の積分は} x^\alpha \text{だ}$$

ということを意味している。

α の値を変えて並べてみると、

$$3x^2 \text{の積分は} x^3 \text{だ}$$
$$4x^3 \text{の積分は} x^4 \text{だ}$$

……というふうに、続いていく。それぞれの式（というか文）の両辺を3、4で割れば、次のようになるはずだ。

$$x^2 \text{ の積分は} \frac{1}{3}x^3 \text{ だ}$$

$$x^3 \text{ の積分は} \frac{1}{4}x^4 \text{ だ}$$

　積分の式が際限なく並んだとしても、その意味するところはシンプルなものである。

　つまり、一般に、「指数に1を足したもの」が分母とxの肩に乗って

$$x^\beta \text{ の積分は} \frac{1}{\beta+1}x^{\beta+1} \text{ だ}$$

となるだけなのだ。

　ところで、ひとつだけ注意しなければならないことがある。

　じつはここまで、「積分」という言葉をやや曖昧な意味に用いていた。たとえば、今説明したべき乗関数においては、たしかに、

$$\frac{1}{\beta+1}x^{\beta+1} \text{ を微分すれば } x^\beta$$

となる。

　ところが、微分してx^βになる関数は、ほかにもある。「微分したとき0になる関数」が抜け落ちているのだ。これは問題である。つまり、

第3章 微積分の可能性を探る

$$\frac{1}{\beta+1}x^{\beta+1}+(微分すると0になる関数)$$

も微分すれば x^β になるのだ。

「微分したとき0になる関数」とは、要するに「変化がない関数」のことだ。これを「定数関数」という。定数関数は傾きが0で、いつも値が同じ関数である。定数の値を C とすると、

$$y = f(x) = C$$

と表すことができる。

図100を見るとわかるように、定数関数に動きはない。C は定数であればなんでもよく、100でも -50 でも10兆でもよい。重要なのは「変化がない」ということであって、その大きさではないのだ。

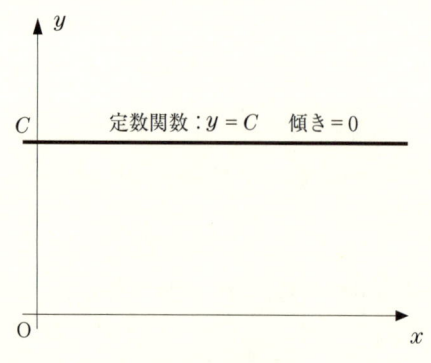

図100　定数関数

とおくと、すでに見てきたように、その不定積分は、

$$\frac{1}{\beta+1}x^{\beta+1} + C$$

となるが、面積を計算すると、

$$\int_a^b x^\beta dx = \left(\frac{1}{\beta+1}b^{\beta+1} + C\right) - \left(\frac{1}{\beta+1}a^{\beta+1} + C\right)$$

$$= \frac{1}{\beta+1}b^{\beta+1} - \frac{1}{\beta+1}a^{\beta+1}$$

このように、引き算であっさり消えてしまうのだ。

> ホント？
> 数式が長くて、よくわからないわ。

> じゃ、例を2つほど見て確認してみようか。まずは、わかりやすいところで台形の面積から。

ここに、斜め45度の右肩上がりの直線 $y = x$ がある。$x = 1$ から、$x = 2$ の間の面積はいくつになるだろうか（**図102**）。

165

第3章 微積分の可能性を探る

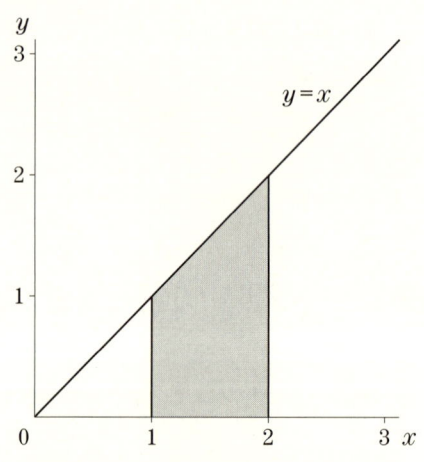

図102　積分公式で面積を計算（直線の場合）

　これは台形なので、面積は、(上底 + 下底) × 高さ ÷ 2 の公式で計算できる。台形が左を下にして寝ていると思えば、上底は $x = 1$ のときの y の値だから、$y = x = 1$ になる。下底も同じように、$x = 2$ のときの y の値だから、$y = x = 2$ になる。高さは $2 - 1 = 1$ なので、その面積は、

$$(上底 + 下底) \times 高さ \div 2 = (1 + 2) \times 1 \div 2 = \frac{3}{2}$$

になる。
　一方、積分公式を使うと、

$$\int_1^2 x^1 dx = \frac{1}{1+1} 2^{1+1} - \frac{1}{1+1} 1^{1+1} = \frac{3}{2}$$

166

になる。台形の面積の公式で計算した結果と見事、一致することがわかる。

次に、放物線の場合はどうだろうか。

図103は、放物線 $y = x^2$ のグラフである。$x = 1$ から $x = 2$ の間の面積を計算してみよう。こんどは、「台形の面積の公式」のようなものはないので、積分するしかない。

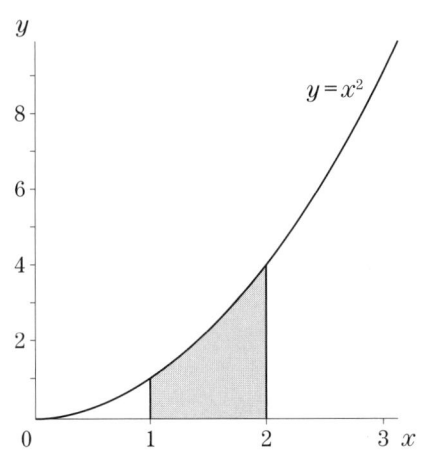

図103 積分公式で面積を計算（放物線の場合）

積分公式を当てはめると、

$$\int_1^2 x^2 dx = \frac{1}{2+1} 2^{2+1} - \frac{1}{2+1} 1^{2+1} = \frac{7}{3}$$

となる。あっという間に答えが出てしまった。積分がなかったら、とても計算できそうにない。積分は凄いのだ。

ちなみに、前項で円の面積、球の体積の話をしたときに現れた、

$$\int_0^r r dr = \frac{1}{2} r^2$$

$$\int_0^r r^2 dr = \frac{1}{3} r^3$$

という公式は、xがrになっているだけで、べき乗の積分公式の特別な場合(それぞれ、$\beta=1$、$\beta=2$の場合)である。

穴を埋める

ネイピア数はどこから来たのか

　かつての教え子（大学理系の卒業生）から、「ネイピア数って、いったい何なんですか？」というメールをもらったことがある。**ネイピア数**とは、次のような数だ。

$$e = 2.71828182845904523536028747135\cdots$$

　高等学校の微積分（数学Ⅲ）の教科書では、わざと人工的な極限を考え、極限値がネイピア数だと説明している。卒業生の彼も、ネイピア数の「定義」は覚えていた。だが、「なぜ、こんなおかしな数が考え出されたのか、その理由が知りたい」というのである。

　上で見たように、ネイピア数は数字としてはだいたい 2.7 くらいの数だ。実用上はそれで困ることはない。

　しかし、それと同時に、数学のいたるところに登場する重要な数でもある。重要度という意味では、円周率 π と同じか、それ以上だと思う。

　そこで、ここからは、

ネイピア数は、どこから来たのか

という大命題を解いてみよう。ネイピア数がなぜ登場したのか、それがなぜ数学の重要な定数のひとつになったの

第3章　微積分の可能性を探る

か。そこには微分積分と切っても切れない関係がある。高校では駆け足で教えられるような話だが、じっくり考えてみるに値する奥深いテーマだ。

ネイピア数がわかりにくい理由。それは、数字が妙な並びになっているからだけではない。

たとえば、円周率 π も 3.141592…と続く奇妙な数だが、どこから来るのかはよく知られている。半径1の円の面積だ。円周率は、円から来る。

$\sqrt{2}$ なども、1.41421356…と続いていくが、意味はわからないでもない。「2乗して2になる数だ」と言ってもいいし、**図104**のような直角二等辺三角形の斜辺の長さだ、と思ってもいい。

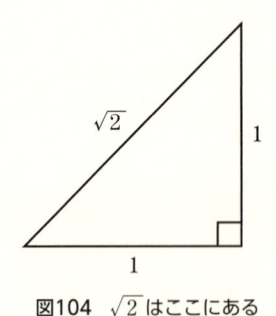

図104　$\sqrt{2}$ はここにある

だが、ネイピア数はどこから来たのか？　いったいどういう意味があるのか？

じつは、「なぜこのタイミングでネイピア数の話をするのか」というと、ネイピア数が、先ほどの面積の公式と関係があるからだ。

165ページで見たように、$x = a$ から $x = b$ の範囲にお

ける $y = x^\beta$ の面積は、べき乗の積分公式を使って、

$$\int_a^b x^\beta dx = \frac{1}{\beta+1}b^{\beta+1} - \frac{1}{\beta+1}a^{\beta+1}$$

と表すことができる。以後、何度か出てくるので、この式を「べき乗の定積分の公式」と呼ぶことにしよう。ところが、この公式には大きな問題があって、$\beta = -1$ のとき、つまり、

$$x^\beta = x^{-1} = \frac{1}{x}$$

の積分をするとき、右辺の分母が0になってしまって、うまくいかないのだ。

> そんな細かいこと、気にしなきゃいいじゃない。

> $\frac{1}{x}$ は反比例の関数。反比例の関数は、寿司ネタで言えばエビ、定番中の定番だ。これほど基本的な関数が積分できないと、困ることが多々あるんだってば。

たとえば、**図105**のグレーの部分。

この面積が、式で表せないことになってしまう。いかにも不便だ。このグレーの部分のような面積を表すときに、ネイピア数が使えるのである。

第3章 微積分の可能性を探る

図105　反比例の関数のxが1から2までの面積

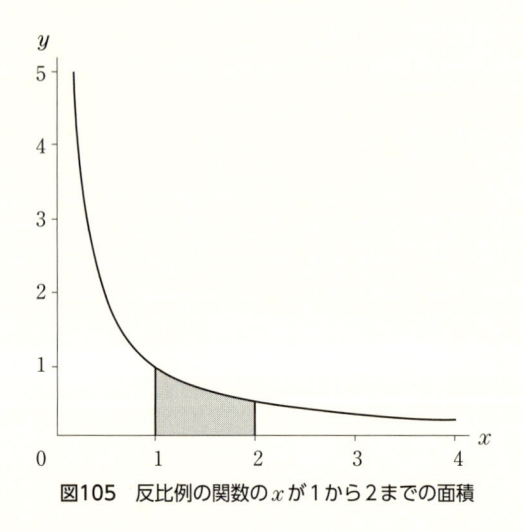

限りなく真に近い値

ネイピア数なしでなんとかしようと思うと、面積の近似値を計算するしかない。たとえば、**図105**のグレーの部分の面積は、βが-1でないときのべき乗の定積分の公式

$$\int_1^2 x^\beta dx = \frac{1}{\beta+1}2^{\beta+1} - \frac{1}{\beta+1}$$

で、βを-1に近い数にすれば、だいたいの値が計算できる。

たとえば、βを-1.00001とすると、

$$\frac{1}{-1.00001+1}2^{-1.00001+1} - \frac{1}{-1.00001+1} = 0.6931447\cdots$$

になり、β を -0.99999 とすると、

$$\frac{1}{-0.99999+1}2^{-0.99999+1} - \frac{1}{-0.99999+1} = 0.6931495\cdots$$

となる。ここから、「グレーの部分の面積は、$0.6931447\cdots$ より大きく、$0.6931495\cdots$ よりも小さい」ということが特定できる[*11]。

今の例では x が 1 から 2 までの範囲の面積だが、もっと一般的に、「1 から x までの積分値がどうなるか」ということも、おおむねわかる。

次ページの**図106**は、β の値をいろいろ変えながら、ソフトウェアでグラフを描いてみたものである。

ここで、見るべきポイントは 4 つだ。

1. この関数は β によらず、$x = 1$ のとき値が 0 になる。したがって、黒丸の部分は、β がいくら動いても微動だにしない。
2. β が -1 よりも大きいとき、β をだんだん -1 に近づけていくと、曲線は左から右方向へと曲がっていく。
3. β が -1 よりも小さいときは、β をだんだん -1 に近づけていくと、逆に、右から左へ曲がっていく。
4. β を -1 にすごく近づけて（$\beta = -1 + 0.0001$）みると、図の太線のような曲線が得られる。だが、それ以上 β を -1 に近づけてみても、曲線はほとんど動かない。

第3章 微積分の可能性を探る

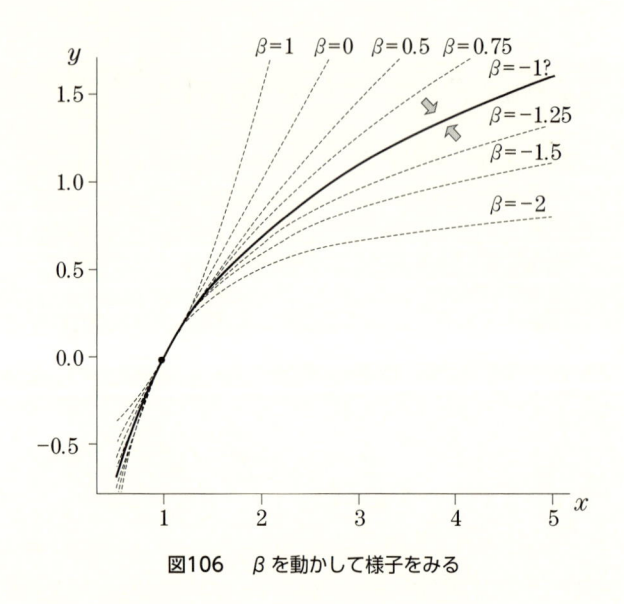

図106 β を動かして様子をみる

　以上の結果から、「$\beta=-1$ のときの積分結果は、この太線だ」と解釈することができる。なお、これまでたびたび「極限」という言葉を使ってきたが、β を -1 に近づけた極限をグラフで表すと、**図106**の太線になる。

鍵はルートにあり

> とりあえず、グラフはわかったわね。よかったよかった。

> ちょっと待て。じわじわとネイピア数を追い詰めてきたが、まだやれることはある。後々のことを考えたら、数式で書けたほうがいいと思うぞ。

とはいえ、ネイピア数を数式で表すのは難しい。今までの考え方ではうまくいきそうにないので、発想を転換してみよう。

こんなとき、ヒントになるのは $\sqrt{2}$ だ。$\sqrt{2}$ を数字で言おうとすると、

$$\sqrt{2} = 1.41421356\cdots$$

となり、どうもスッキリしない。

だが、「$\sqrt{2}$ は、2乗して2になる数だ」とすれば、うまく表現できる。つまり、$\sqrt{2}$ を y とすると、

$$y^2 = 2$$

となるわけだ。

これは、$\sqrt{2}$ に限らない。$\sqrt{3}$ でも $\sqrt{5}$ でも同じで、それぞれ2乗すれば、3、5になる。つまり、$\sqrt{x}$ とは、

$$y^2 = x$$

となる y のことである。ルートは「2乗の逆」なのだ[*12]。

$$y = \sqrt{x}$$

ルートは難しい！

$x \quad y$

2乗は簡単！

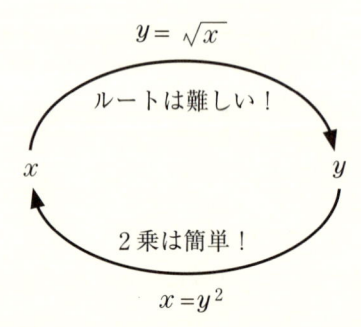

$$x = y^2$$

図107　ルートを取るのは難しいが2乗は簡単だ

2の2乗の計算は簡単だけれども、逆に、$\sqrt{2}$ を計算するのは、なかなか難しい（開平と呼ばれる計算法もあるが、現在では知っている人のほうが少ないだろうし、2乗の計算よりも圧倒的に複雑なことに変わりはない）。もちろん電卓を使えば、ルートも一瞬で計算できるけれども、実際は電卓の中でかなり複雑な計算が行われているのだ。

ここで重要なのは、

ルートを求めるのは比較的複雑だが、「2乗」なら簡単だ

ということである。操作を逆にすることによって、難しさをコントロールできるのだ。この考え方こそが、ゆくゆく

は「ネイピア数がどこから来るのか」を解き明かすためのヒントになる。

今までは、x を決めてから、それに対応する面積 y を計算してきた。

ここで発想を転換して、まず最初に面積 y を決めてしまい、その後に x を求めてみたらどうなるだろうか（**図108**）。

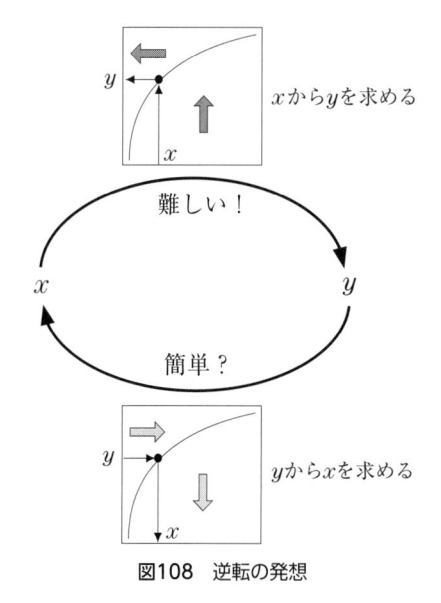

図108 逆転の発想

意味があいまいにならないように、ここからは数式の助けを借りることにしよう。まずは、軽く目をとおしてもらえたらOKである。

第3章　微積分の可能性を探る

逆転の発想はうまくいくか⁉

思い起こせば、171ページのべき乗の定積分の公式

$$\int_a^b x^\beta dx = \frac{1}{\beta+1}b^{\beta+1} - \frac{1}{\beta+1}a^{\beta+1}$$

においては、β が -1 のとき、分母が 0 になってしまうという問題があった。

そこで、「$\sqrt{2}$ の考え方」をヒントにしてみる。つまり、$a = 1$、$b = x$ とおいた式

$$\int_1^x x^\beta dx = \frac{1}{\beta+1}x^{\beta+1} - \frac{1}{\beta+1} = \frac{x^{\beta+1}-1}{\beta+1}$$

において、β が -1 に非常に近いとき、

$$\frac{x^{\beta+1}-1}{\beta+1} = y$$

になったときの x を計算すれば、問題が簡単になるはずだ。

x を出すのは一見難しそうだが、段取りを考えて計算すればそれほどでもない。ここでは、次のような2段階の手順を踏むことにしよう。

> 1. とりあえず、「$y=1$ のときの x」を計算してみる
> 2. 次に、「($y=1$ とは限らない)一般の y に対する x」を考える

まず最初に、1番目の

$$\lceil y = 1 \text{(面積1)のときの} x \rfloor$$

を求めよう。β が -1 に非常に近ければ、

$$\frac{x^{\beta+1}-1}{\beta+1} \fallingdotseq 1$$

となるはずだ。

両辺に $\beta+1$ を掛けると、

$$x^{\beta+1} - 1 \fallingdotseq \beta+1$$

となるので、-1 を移項して

$$x^{\beta+1} \fallingdotseq 1 + (\beta+1)$$

となる。この式を、何としても「x イコールの式」に変換したい。

そのためには、両辺の「$\beta+1$ 乗根をとる」必要がある。「$\beta+1$ 乗根をとる」方法については、**図109**を見てほ

第3章 微積分の可能性を探る

しい。

$$x^2 = \square$$

$$x = \sqrt{\square} = \square^{\frac{1}{2}}$$

$$x^{\beta+1} = \square$$

$$x = \square^{\frac{1}{\beta+1}}$$

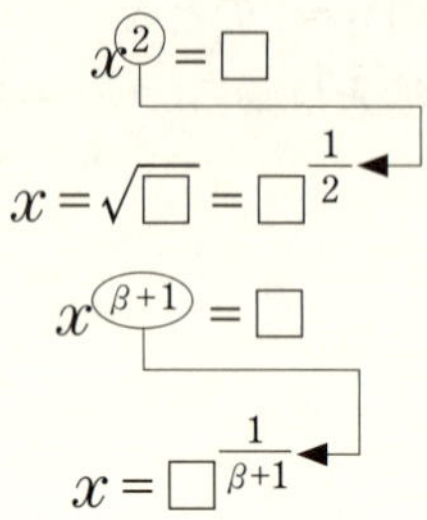

図109 x イコールの式に変形

$x^2 = \square$ という式を x イコールに直すと、

$$x = \sqrt{\square} = \square^{\frac{1}{2}}$$

のように、2乗の「2」が、□の「$\frac{1}{2}$乗」という形になっている。これと同じように、

$$x^{\beta+1} = \square$$

を x イコールに直すと、

$$x = \square^{\frac{1}{\beta+1}}$$

となる。

だから、

$$x^{\beta+1} \fallingdotseq 1+(\beta+1)$$

を x イコールの式にすると、

$$x \fallingdotseq (1+(\beta+1))^{\frac{1}{\beta+1}}$$

ということになる。

式をすっきり見せるため、$t = \beta + 1$ とおくと、β が -1 に近付くとき、t は 0 に近付くから、求めたい x は、極限を使って、

$$x = \lim_{t \to 0}(1+t)^{\frac{1}{t}}$$

と書くことができる。

この x の値を、ざっくり計算してみよう。極限値を計算するとは、この場合、t を小さくとった値を計算して、その値を見積もるということだ。ソフトウェアを使ってみると、**表3**のようになる。

表3　t を小さくして極限をとる

t	$(1+t)^{\frac{1}{t}}$
1	2.0
0.1	2.593742
0.01	2.704814
0.001	2.716924
0.0001	2.718146

この極限値[*13]の真の値は、

$$e = 2.718281828459045235360287471352\cdots$$

となることが知られている。

すなわち、$f(x) = \dfrac{1}{x}$ のグラフで、面積が1となるときの

$$\int_1^x \frac{1}{x}dx \text{ の } x \text{ の値が } e$$

なのだ。

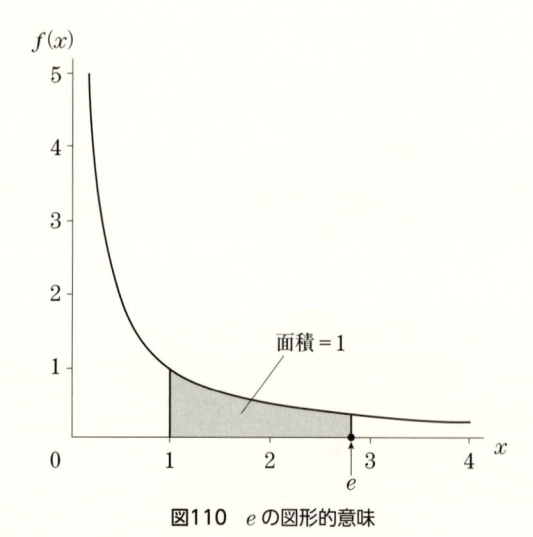

図110　e の図形的意味

> おお、やっと出てきたわね。

> これこそがネイピア数だ。ネイピア数は、微積分で重要なだけでなく、確率論(確率分布の式)、統計学(信頼区間の計算、仮説検定)、物理学(物体の運動等)、化学(化学反応の速度等)、機械工学(サスペンション、制御等)、電気・電子工学(電気回路の方程式等)、経済学(金利の計算等)など、いたるところに顔を出す重要な数だ。

実際のネイピア数は、いかにも長い。小数点以下の数字をいちいち書き出すのは非効率だし、そもそもいつまでたっても書き終わらない。だから、極限値の真の値は、eという記号で表すのが習慣になっている。

ところで、私たちは、ネイピア数の中にも近似を見ることができる。ネイピア数は、そのすべての桁の値がわかっているわけではないけれど、必要なだけ正確な値を知ることができるからだ。

こうした例は他にもあって、たとえば円周率 π の値の世界記録はたびたび更新されているけれど、それ以上の桁の数字は誰も知らない。しかし、必要なだけ正確な数値を知ることは（原理的に）できるから、実用上は近似でとくに問題ないのである。

第3章　微積分の可能性を探る

指数関数、現る

さて、「$y=1$ のときの x」については、無事、x の値が求まった。ここからは、手順2の

「（$y=1$ とは限らない）一般の y に対する x」

を計算していこう。
「一般の y に対する x」の値を式で表すことができれば、これまで極限なしには表現できなかった「反比例の積分公式」が明らかになるからだ。

計算の基本的な考え方は、$y=1$ のときと同じである。

$$\frac{x^{\beta+1}-1}{\beta+1} \fallingdotseq y$$

この式を、x について解くのだ。

やり方は179ページと同様、まず、両辺に $\beta+1$ を掛ける。すると、

$$x^{\beta+1}-1 \fallingdotseq y(\beta+1)$$

となるので、-1 を移項して

$$x^{\beta+1} \fallingdotseq 1+y(\beta+1)$$

となるから、この両辺の $\beta+1$ 乗根をとって x イコールの式にすると、

$$x \fallingdotseq (1+y(\beta+1))^{\frac{1}{\beta+1}}$$

となる。

ここで、

$$t = y(\beta+1)$$

とおけば、

$$\frac{1}{\beta+1} = \frac{y}{t}$$

だから、

$$x \fallingdotseq (1+t)^{\frac{y}{t}} = \left\{(1+t)^{\frac{1}{t}}\right\}^y$$

となる[*14]。β が -1 に近づくとき、$\beta+1$ はゼロに近づくから、

$$t = y(\beta+1) \to 0$$

になり、2つ前の式で、$t \to 0$ の極限を使って x イコールの式にすれば、

185

第3章 微積分の可能性を探る

$$x = \lim_{t \to 0}\left\{(1+t)^{\frac{1}{t}}\right\}^y = e^y$$

となる。ここで、{ }の中身は、tが0に近づくとき、ネイピア数eに近づく、つまり、

$$\lim_{t \to 0}(1+t)^{\frac{1}{t}} = e$$

となることを使った。きれいに書きなおすと、xとyの間には、次のような関係があることがわかる。

$$x = e^y$$

なんてシンプルな関係だろう！　つまり、

xをyの関数だと思ったとき、
「ネイピア数eの何乗になるか」

という関数なのだ。たとえば、$y=2$に対しては、$x=e^2=7.389056\cdots$になるし、$y=-1$に対しては、$x=e^{-1}=\dfrac{1}{e}=0.3678794\cdots$のようになる。

そこで、xをyの関数（$x=e^y$）だとしたグラフを見てみよう（**図111**）。

ものすごい右肩上がりだ。人生かくありたし。

このグラフは、タテ軸がx、ヨコ軸がyになっている

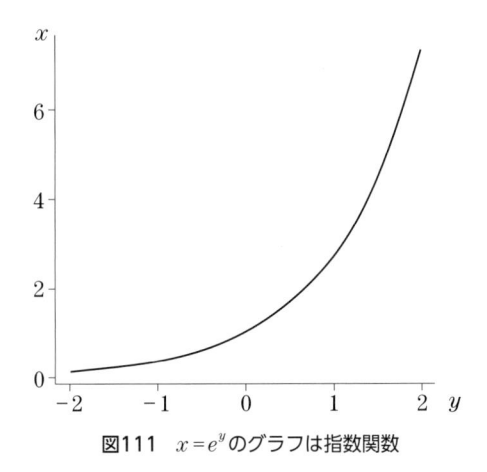

図111 $x = e^y$ のグラフは指数関数

ived注意してほしい。このように、「ある数の何乗」という形になっている関数を**指数関数**という。

指数関数の特徴は、増加のスピードが猛烈に速いことだ。$x = e^y$ において、y の値をいろいろ変えたときの x の値を計算して表にしてみると、そのスピードがわかる。

表4 指数関数は猛烈な勢いで増える

y	x
1	2.71828
2	7.38906
3	20.08554
4	54.59815

y が1増えると、x は約 2.7 倍になる。y が4になったら、x は 55 くらいになる。とにかく、めちゃくちゃな速さだ。これが指数関数である。

ハッキリさせよう

最後に、y イコールのグラフを考えてみよう。x イコールの話ばかり考えていたので本来の目的を忘れそうになるけれど、本当にほしかったのは、y イコールの式だ。

> x イコールの式がわかったんだから、もういいんじゃない？

> いやいや、x イコールの式は間接的すぎるんだよね。「何々であるところの何々」みたいな。たとえば、オレのことを「あの相対性理論を作った人」とかって呼ぶより、「アインシュタイン」って、ダイレクトに言えるほうがいいでしょ？

y イコールの式にするためには、記号がないと不便なので、

$$x = e^y$$

を満たすような y を x の関数として、

$$y = \log x$$

と書く。

$y = \log x$ を**対数関数**といい、「ログ　エックス」と読む。log というのは、logarithm（ロガリズム）の略である。先ほどの e（ネイピア数）を考えた数学者、ネイピアの造語で、ギリシャ語の logos（比、論理）と arithmos（数、算術）を表す言葉を合成したものだ。

log という記号は、ネイピア数を含む式 $x = e^y$ を、y イコールの式に直したものである。習慣によってネイピア数 e は書かれていないが、あえてネイピア数を添えて、

$$\log_e x$$

と書くこともできる。

対数関数（$y = \log x$）のグラフは、**図112**のようなものだ。

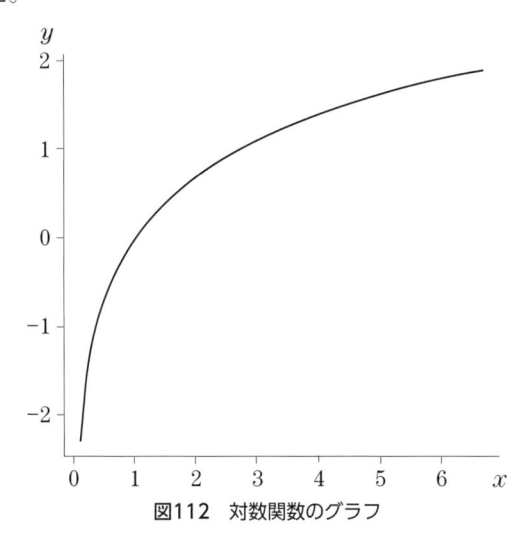

図112　対数関数のグラフ

第3章　微積分の可能性を探る

　さっきの**図111**と、どこか似ていることに気づくのではないだろうか。そう、**図111**を裏返して真横からみたものと、ちょうど同じ形だ。x が増えても、y はほとんど増えない（増え方がゆっくりしている）こともわかるだろう。

　$x = e^y$ は y の指数関数、$y = \log x$ は x の対数関数。つまり、指数関数と対数関数は、同じものを反対からみたものなのだ。

　以上をまとめると、β を -1 に近づけたとき、

$$\int_1^x x^\beta dx = \frac{x^{\beta+1}-1}{\beta+1} \to \log x$$

となることがわかる。ここで、「反比例の積分公式」が得られた[*15]。

$$\int_1^x x^{-1} dx = \int_1^x \frac{1}{x} dx = \log x$$

　つまり、**図105**にあった反比例のグラフの1から2までの面積（定積分の値）は、

$$\int_1^2 \frac{1}{x} dx = \log 2$$

だということがわかる。

穴を埋める

> いろいろと工夫したおかげで、成果をつかみ取ることができたわね。

> 頑張った甲斐があるな。得られた結果をほんの少し見直すと、さらに大きな成果が得られるぞ。

微分しても変わらない、たった1つの関数

さらなる成果とは、「指数関数の微分公式」と「指数関数の積分公式」である。

もう一度、振り返ってみよう。

$$x = e^y$$

を y イコールに直した式が、

$$y = \log x$$

だった。$\dfrac{1}{x}$ を積分すると $y = \log x$ なのだから、微分積分学の基本定理より、

$$\frac{dy}{dx} = \frac{1}{x}$$

分母分子をひっくり返すと[*16]、

$$\frac{dx}{dy} = x$$

になる。$x = e^y$ を代入すると、

$$\frac{d}{dy}(e^y) = e^y$$

ということがわかる。y を x に書き直して、微分をダッシュで表すと、

$$(e^x)' = e^x$$

という式が得られる。

　つまり、指数関数は、微分しても変わらないのである。ネイピア数 e には、こんなシンプルな性質があったのだ！ じつは、微分しても変わらない関数は、e^x だけなのだ[*17]。

　後で役に立つように、ほんの少し公式を一般化しておこう。

　e^x の代わりに e^{ax} を考えて、これを微分する。肩に乗っている指数の部分が、x から ax になっているところが違いだ。これを微分するときは、x が 1 大きくなると、ax は a だけ大きくなるから、その微分も a 倍になる。よ

って、

$$(e^{ax})' = ae^{ax}$$

という**指数関数の微分公式**が得られる。

再び、微分積分学の基本定理を使うと、ae^{ax} を積分すれば e^{ax} になるのだから、

$$\int ae^{ax}dx = e^{ax} + C$$

ということになる。両辺を a で割って、$\dfrac{C}{a}$ は定数だからシンプルにするためにあらためて C とおけば、

$$\int e^{ax}dx = \frac{1}{a}e^{ax} + C$$

という**指数関数の積分公式**が得られる。

じつは、この2つ（同じことの言い換えだから、1つとも言える）は、微積分の公式の中でもっとも重要な公式である。たとえば、物体の振動現象を式で表したり、ラジオを作ったりするときにも使われているのだ。

第3章 微積分の可能性を探る

曲がりなりにも

曲線の長さを測る

> お、いいネックレスだね。長さは、だいたい 45 cm くらいかな。

> なんでわかるのよ！

　第1章で面積と体積を計算してきたが、曲線の長さも、面積や体積と同じように考えられるだろうか。つまり、「曲線≒小さな折れ線の集まり」だと思えば、積分で表現できるかもしれない。

　たしかに、できないことはない。だが、困った問題は、「ほとんど計算できる式にならない」ということだ。思えば、微積分を習う前に出てきた曲線の長さの公式というのも、円周（円弧）の長さくらいしかなかった。

　曲線の長さの計算は案外難しいのだが、じつはネックレスのような曲線の長さは、うまいこと計算することができる。秘策は、積分だけでなく、微分も使うことだ。第1章、第2章で両方とも学んだので、第3章では「曲線の長さの公式」を完成させてみよう。

曲線の表示の仕方にはいくつかあるが、まずはシンプルに、$y = f(x)$ で表現できる曲線を考えてみる。

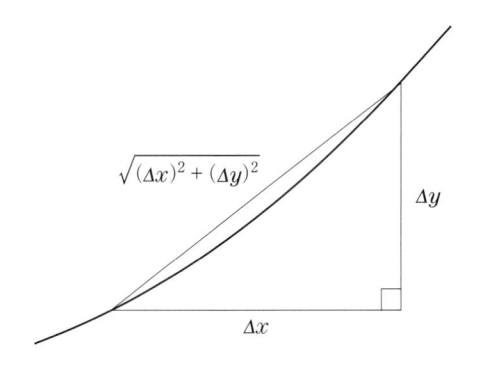

図113　曲線を折れ線で近似する

図113にあるように、1つの折れ線の長さは、三平方の定理から、

$$\sqrt{(\Delta x)^2 + (\Delta y)^2}$$

と表すことができる。さらに、曲線は「折れ線の長さの合計」なので、式で書けば、

$$\sqrt{(\Delta x)^2 + (\Delta y)^2} \text{ の合計}$$

ということになる。

本当の曲線に近づけるために、Δx と Δy をできるだけ小さくして合計したい。そこで、積分できる式にするために、Δx をルートの外にくくりだす。

$$\sqrt{(\Delta x)^2 + (\Delta y)^2}$$

$$= \sqrt{(\Delta x)^2 \left(1 + \left(\frac{\Delta y}{\Delta x}\right)^2\right)}$$

$$= \sqrt{1 + \left(\frac{\Delta y}{\Delta x}\right)^2} \, \Delta x$$

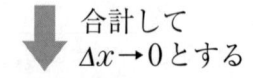

Δx を0に近づけて極限をとるのだから、カッコの中は微分になる。

$$\frac{\Delta y}{\Delta x} \to \frac{dy}{dx}$$

よって、x が a から b までの範囲だとすると、曲線の長さは、**図114**のように表される。

$$\sqrt{1 + \left(\frac{\Delta y}{\Delta x}\right)^2} \, \Delta x$$

⬇ 合計して
$\Delta x \to 0$ とする

$$\int_a^b \sqrt{1 + \left(\frac{dy}{dx}\right)^2} \, dx$$

図114 すごく短い断片を足し合わせて積分にする

曲がりなりにも

つまり、曲線の長さの公式は、次のようになることがわかる。

$$\int_a^b \sqrt{1+\left(\frac{dy}{dx}\right)^2}\,dx$$
曲線の長さの公式

y が x の式で書ける（滑らかな＝微分できる）曲線であれば、この公式で長さが計算できるというわけだ。

カテナリーの爽快な公式

無事、曲線の長さの公式が求まった。しかし、先ほども言ったように、曲線の長さの積分は、うまく計算できる式になるとはかぎらない。

> うまく計算できない積分なんてあるの？

> 積分はいつでもうまくいくわけではない。正直言うと、積分は式を作ることはできても、計算までできることは珍しいんだよね。

しかし、例外的に計算できる例がある。カテナリーだ。

第3章　微積分の可能性を探る

図115　カテナリー（懸垂線）はあちこちに見られる

「カテナリー（catenary）」とは、**図115**のような曲線のことである。懸垂線ともいう。カテナリーの catena とは、ラテン語でチェーンを意味する言葉だ。

カテナリーは放物線とよく似ているが、ちょっと違う。カテナリーの特徴は、放物線よりも頂点（一番下の谷の部分）の近くの曲がり方が、わずかにゆるやかなことである（**図116**）。

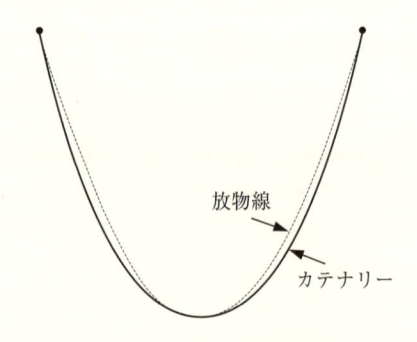

図116　カテナリーと放物線の微妙な違い

よく見ると、カテナリーはいたるところにある。たとえばたるんだ電線やチェーン、壁に掛けられた布。ネックレスもそうだ。

　どこかで電線のカテナリーを見かけたら、ちょっと観察してみよう。なんとなく垂れ下がっているわけではないな、ということがわかるだろう。ピンと張りすぎると、電線がものすごく丈夫でなければならないし、ダラリと垂れ下がりすぎても、歩行者に触れたりして危険である。あのたるみ具合は、じつは周到に計算されたものなのだ。

　電線を張るとき、どの程度たるませるかは重要である。電線の張力とたるみの関係は、電験3種（第3種電気主任技術者試験）の試験などで出題される。ほとんど定番の問題といってもよいくらいだ。

　さて、曲線の長さの公式が使える例として、実際に計算してみよう。次の話は、高校の教科書にもさらっと触れる形で載っているけれど、微積分が現実に巧妙に応用され、それが単なる計算の遊びでないことがわかる貴重な例だ。

　カテナリーを式で表してみると、次のようになることがわかっている（A は定数だ[*18]）。

$$y = \frac{A}{2}(e^{\frac{x}{A}} + e^{-\frac{x}{A}})$$

　この式は、カテナリーの形を式で表したものであって、カテナリーの長さの公式ではない。

第3章　微積分の可能性を探る

> ちなみに、こういう公式は、覚えなきゃいけないわけじゃない。必要なときに調べれば、すぐにわかることだしね。

カテナリーの式は、**図117**の曲線が x の位置のときの y の値の関係を表している。たとえば、$x = 0$（たるみの最下部）のとき、$y = A$ となる。

カテナリーの式
$$y = \frac{A}{2}\left(e^{\frac{x}{A}} + e^{-\frac{x}{A}}\right)$$

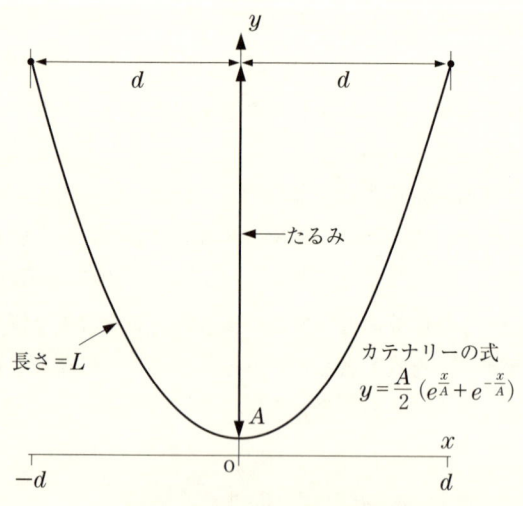

図117　カテナリーの式の意味

A は、ひもの一番下の部分での水平方向の張力（引っ張る力）と、ひもの単位長さあたりの質量（メートル単位なら、1 m あたりの重さと思って OK）で決まっている。

長さを計算するためには、197ページの曲線の長さの公

式

$$\int_a^b \sqrt{1+\left(\frac{dy}{dx}\right)^2}\,dx$$

にカテナリーの式

$$y = \frac{A}{2}(e^{\frac{x}{A}} + e^{-\frac{x}{A}})$$

を代入すればよい。そのためには、y の微分

$$\frac{dy}{dx}$$

を計算する必要がある。そこで、193ページの指数関数の微分公式を使ってみると、

$$\begin{aligned}\frac{dy}{dx} &= \frac{A}{2}(e^{\frac{x}{A}} + e^{-\frac{x}{A}}) \text{の微分} \\ &= \frac{1}{A} \cdot \frac{A}{2} e^{\frac{x}{A}} + \left(-\frac{1}{A}\right)\frac{A}{2} e^{-\frac{x}{A}} \\ &= \frac{1}{2} e^{\frac{x}{A}} - \frac{1}{2} e^{-\frac{x}{A}} \\ &= \frac{1}{2}(e^{\frac{x}{A}} - e^{-\frac{x}{A}})\end{aligned}$$

となることがわかる。ルートの中に代入して整理すると、ルートがきれいに外れて、次のような式になる。さっきの曲線の長さの公式において、積分される関数だ。

第3章 微積分の可能性を探る

$$\sqrt{1+\left(\frac{dy}{dx}\right)^2} = \frac{1}{2}(e^{\frac{x}{A}} + e^{-\frac{x}{A}})$$

詳しい計算に興味がある方は、**図118**を参照してほしい。

たとえば、200ページの**図117**のように$a=-d$、$b=d$のときを考えると、求めるカテナリーの長さLは、193ページの指数関数の積分公式を使えば、次のような式になる。

$$\begin{aligned}
L &= \int_{-d}^{d} \frac{1}{2}(e^{\frac{x}{A}} + e^{-\frac{x}{A}})dx \\
&= \left[\frac{A}{2}(e^{\frac{x}{A}} - e^{-\frac{x}{A}})\right]_{-d}^{d} \\
&= A(e^{\frac{d}{A}} - e^{-\frac{d}{A}})
\end{aligned}$$

$$\int e^{ax}dx = \frac{1}{a}e^{ax} + C$$

この公式に$a=\frac{1}{A}, -\frac{1}{A}$を代入

これこそ、「カテナリーの長さの公式」である。じつに爽快な公式だ。

ちなみに、式の中の$[\cdots]_{-d}^{d}$という記号は$[\cdots]$が$x=d$のときの値から$x=-d$のときの値を引く、という意味だ。

曲がりなりにも

$$\sqrt{1+\left(\frac{dy}{dx}\right)^2}$$

$$=\sqrt{1+\left(\frac{e^{\frac{x}{A}}-e^{-\frac{x}{A}}}{2}\right)^2}$$

$$=\sqrt{1+\frac{1}{4}(e^{\frac{2x}{A}}-2e^{\frac{x}{A}}e^{-\frac{x}{A}}+e^{-\frac{2x}{A}})}$$

$$=\sqrt{1+\frac{1}{4}(e^{\frac{2x}{A}}-2+e^{-\frac{2x}{A}})}$$

$$=\sqrt{\frac{4+e^{\frac{2x}{A}}-2+e^{-\frac{2x}{A}}}{4}}$$

$$=\sqrt{\frac{e^{\frac{2x}{A}}+2+e^{-\frac{2x}{A}}}{4}}$$

$2=2e^{\frac{x}{A}}e^{-\frac{x}{A}}$ を代入

$$=\sqrt{\frac{e^{\frac{2x}{A}}+2e^{\frac{x}{A}}e^{-\frac{x}{A}}+e^{-\frac{2x}{A}}}{4}}$$

$$=\sqrt{\left(\frac{e^{\frac{x}{A}}+e^{-\frac{x}{A}}}{2}\right)^2}$$

$$=\frac{e^{\frac{x}{A}}+e^{-\frac{x}{A}}}{2}$$

図118 カテナリーの長さの式を計算する

第3章 微積分の可能性を探る

ネックレスの長さを検証する

> あまりにもスッキリした公式ね。計算さえできればいいと思って、人工的に作られたんじゃないの？

> たしかに、あれほどややこしそうな曲線の長さがきれいに求まるなんて、話がうますぎるかな。

では、本当に現実と合うのかどうか、実験してみよう。

図119は、ネックレスを吊るしてできたカテナリーである。

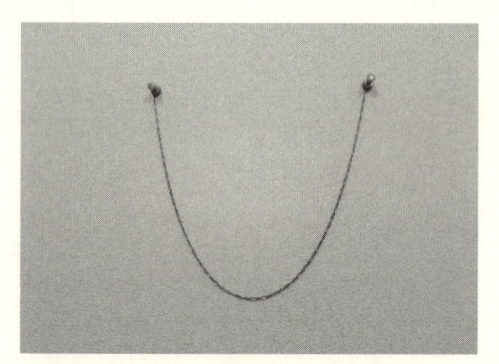

図119 ネックレスを吊るしてできたカテナリー

実験に用いる材料は、しなやかで細いものが好ましい。このほかにもたとえば、子どものおもちゃのチェーンリン

曲がりなりにも

グ、コットンのひもなどでもよい。

　似たようなものとして、中央に飾りのあるネックレスやペンダントがあるが、今回の実験には適さない。中央の飾りが一点を強く引っ張ってしまい、形が崩れてしまうからだ。

　なお、写真にあるネックレスは、妻のクローゼットから拝借した。これも本当は真ん中に飾りがあったのだが、実験のために取り外して撮影したものである。

　さて、このネックレスは、完全に均質な材料ではないが、チェーンを構成するリンク1つ1つは小さいので、近似的に均質だと思ってもよいだろう。この「幅」と「たるみ」を測定してみることにしよう（**図120**）。

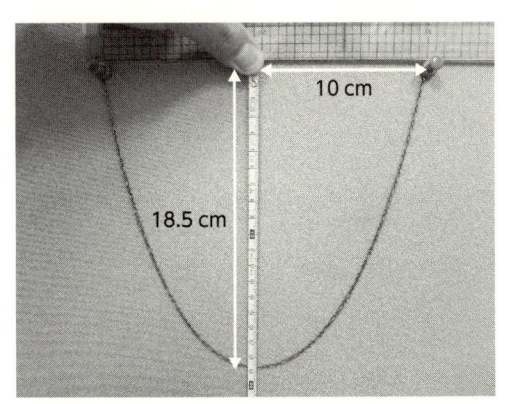

図120　ネックレスカテナリーの幅とたるみを測る

　実際に測定してみた結果は、幅の半分 $d = 10$ cm、たるみは 18.5 cm だった。この実測値から、定数 A を求める必要がある。

205

そのために、本物のネックレスをちょっとだけ離れて、カテナリーの式を見てみよう。解決すべき問題は、「カテナリーの式をもとに、たるみを A の式で表すこと」である。

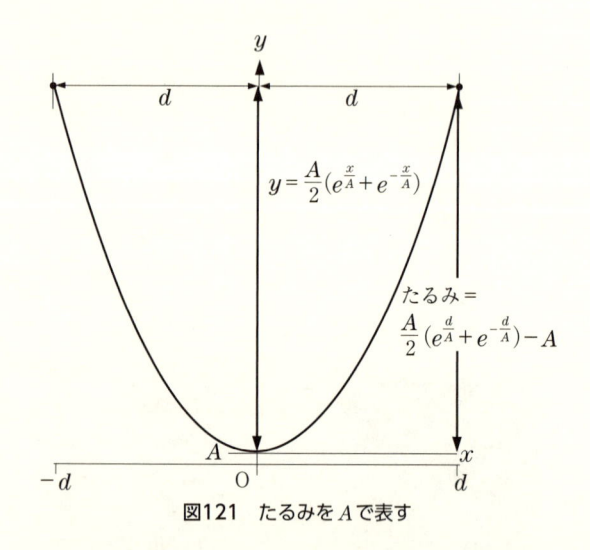

図121　たるみを A で表す

A は、曲線の一番下のところの y の値で、一方、$x = d$ としたときの y 座標は、

$$\frac{A}{2}(e^{\frac{d}{A}} + e^{-\frac{d}{A}})$$

だ。したがってたるみは、この y 座標と、曲線の一番下のところの値 A の差、つまり、

$$たるみ = \frac{A}{2}(e^{\frac{d}{A}} + e^{-\frac{d}{A}}) - A$$

で表される。

このように「たるみを A の式で表す」ことはできるけれど、逆に、「A をたるみの式で表す」ことは、数学者でもできない。そこで、パソコンの力を借りよう。

$d = 10\,\mathrm{cm}$ とおいて、定数 A をほんの少しずつ増やしながら、たるみの値を計算する。定数 A とたるみ、それぞれの値に点を打ってグラフにしたものが、**図122**である。

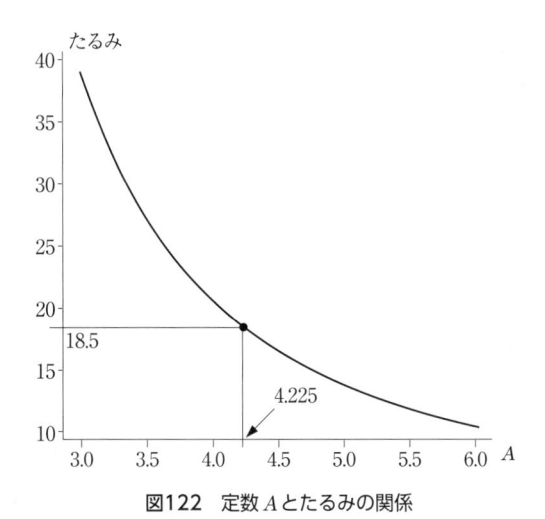

図122 定数 A とたるみの関係

定数 A は、カテナリーの底での水平方向の張力（引っ張る力）に比例することが知られている。A を大きくするということは、ネックレスを強く引っ張っているのと同じ

第3章　微積分の可能性を探る

だ。したがって、A が大きくなればなるほど、たるみは小さくなる。たるみが 18.5cm のところを見ると、定数 A は、4.225 であることがわかる[19]。

この A の値と $d = 10$cm を代入して、カテナリーの長さを計算してみると、

$$4.225 \times (e^{\frac{10}{4.225}} - e^{-\frac{10}{4.225}}) = 44.658 \cdots \text{cm}$$

となる。

本当にこれで正しいのか、実際に測ってみよう。**図123** をご覧あれ。

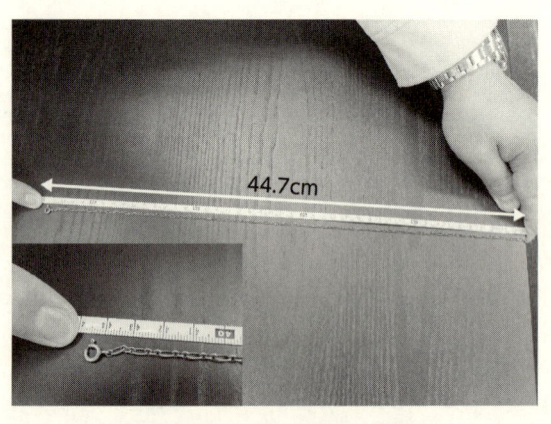

図123　ネックレスの長さを実測！

実測の結果は 44.7cm！　d やたるみの測定誤差があるとはいえ、かなり正確な値になっているようだ。公式は、やはり現実にも当てはまることが確認できた[20]。

> 何これ！　気持ち悪いくらい合ってるわね。

> 微積分ってのは、紙の上でしか通用しないような、みみっちい学問じゃない。現実とも、ちゃんとつながってるんだ。

微積分の正体

微分可能性とは何か

 高校や大学の教科書で目にするけれども、教わる側としては、「そんな当たり前のこと、なぜ学ぶ必要があるのか？」と思ってしまう話題がある。

 このように意味がわかりづらい話として、**微分可能性**が挙げられる。微分可能性は高校でもちらっと出てくるが、大学へ行くと、かなりの頻度で登場する。たとえば、こんなふうに。

$$f(x)=|x|$$

は、原点で微分可能ではない。

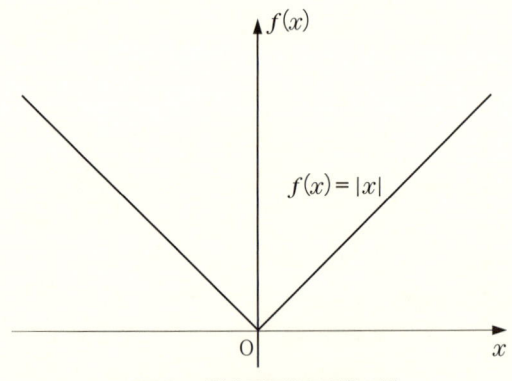

図124　微分不可能な関数の例

微積分の正体

> これって当たり前に思えるわ。原点で折れ曲がっているのが一目瞭然なんだから、微分できなくたって当然でしょ。そもそも、絶対値なんて付けるから微分できなくなるんだし。余計なことをするからよね？

> 微分可能性なんか、どうして考える必要があるのか。それは、世の中、微分できない関数だらけだからだ！

意外と知られていないけれど、

**滑らかな（＝微分可能な）関数だからといって、
そのか極限は、微分可能とはかぎらない。**

専門的な話になるが、かいつまんで説明しよう。

図125は、「滑らかな波を、ある規則にしたがって2つ（$n=2$）、3つ（$n=3$）、4つ（$n=4$）と足し合わせていったところ」を表している。右下の関数は、波を無限にたくさん足し合わせたもので、**ワイエルシュトラス関数**と呼ばれているものだ。

足し合わせる波の数が有限のうちは滑らかなのだが、滑らかな波を無限個足し合わせてできたワイエルシュトラス関数は、すべての点で微分不可能であることがわかっている。

211

第3章 微積分の可能性を探る

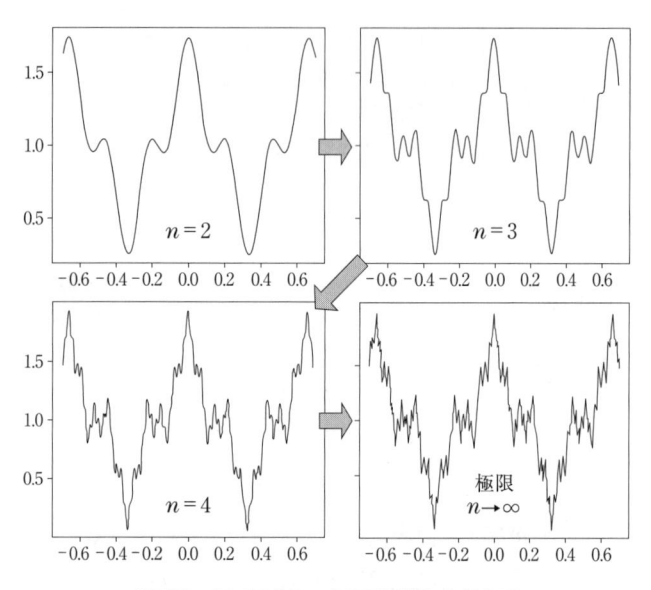

図125 ワイエルシュトラス関数になるまで

このような例があるため、数学者は「微分ができるかできないか」ということに、神経をとがらせているわけだ。微分できない関数については、たとえば、最大値を計算するというようなことも、一般には非常に難しい[21]。

なぜなら、微分ができないのだから、

$$微分 = 0$$

という方程式が作れない。つまり、

至るところ微分不可能な関数の形は、無限に複雑なのだ。

212

局所的にみても、単純にならないのである。この点が、微分可能な関数との本質的な違いだ。

こんなものは病的な例にすぎないのではないか、と思う人もいるだろう。だが、そんなことはない。海岸線の形のようにギザギザして微分できない例は、少しも珍しくないのだ。

微分をめぐる冒険

「世の中、微分可能な関数ばかりだ」と誤解されていることは少なくない。微積分の本にも、そのような記述があったりする。

たとえば、「株価の変動のグラフは微分できるので、その株が以後、上がるか下がるかがわかる」などという記述があったら、それは眉唾ものである。

> 微積分がお金もうけに役立てば嬉しい、という気持ちはよくわかるけどね。

> 微分は、投資の話とからめて語られることが多いんだよね。だけど、この言い方は誤解を与えてしまうんじゃないかな〜。

またマニアックな話になるが、少々耳を傾けていただきたい。

第3章　微積分の可能性を探る

　一般に、株価は確率を使ってモデル化される。もっともシンプルなものは、ランダムにふらふら動く点を使うものだ。つまり、株価はランダムに動くと仮定するのである。

　詳しい研究によれば、その点の軌跡はどこまでいってもギザギザ（微分不可能）で、先ほどのワイエルシュトラス関数と似たものになる。つまり、ランダムに動く点の軌跡には、

ほとんどすべての点で、接線が引けない

ということが証明されている。株価変動は、普通の微分でとらえられるほど大人しいものではないのだ。確率現象とからむ関数では、微分できないものが頻繁に出てくる。

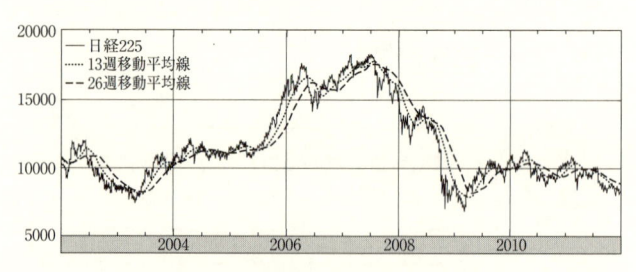

図126　日経平均（2002年1月～2011年12月）

　図126は、日経平均株価のグラフである。ギザギザしているのが実際の株価で、滑らかな線のうち、13週移動平均線は過去13週分の株価を平均したもの、26週移動平均線は同じく過去26週分の株価を平均したものである。「株価が予測できる」という本においては、おそらくこの

「移動平均線」のようなものがイメージされているのだろう。

　移動平均線とは、ギザギザの部分（高周波）をカットして、滑らかな部分（低周波）だけを通過させる、低周波通過フィルタ（ローパスフィルタ）の一種だ。声を例にとると、高周波は子どもの声に多く、低周波はおじさんの声に多い。だから、子どもの声を低周波通過フィルタ（ローパスフィルタ）に通すと、おじさんみたいな声になる[*22]。

　株価の「だいたいの動き」を知りたいとき、ギザギザの部分が邪魔なので、移動平均線を使うというわけだ。

　ところが、本来の株価は、「本質的に」ギザギザしているものである（図126の実線）。このように、どこまで行っても微分不可能なもの[*23]を微分しようとするのは、間違いだと言わざるをえない。

　ただ、微分とまったく縁がない話かというと、そうでもない。このような確率モデルは、確率微分方程式と呼ばれる、ある種の微積分で解析することができるからだ。

　とはいえ、それは通常の微積分とはかなり違った、独特の数学である[*24]。もちろん、確率微分方程式を駆使しても、株価を予想することはできない。

　このような方向性ではないにしろ、微積分が実社会で役立つのは確かだ。むしろ、あらゆる学問分野の基礎になりすぎて、「ここで役立っている」と言いづらいほどである。まるで空気や水のように。

第3章 微積分の可能性を探る

近似と無視

　これまで見てきたように、微積分の本質は、近似と無視にある。近似というのは、何かを無視するということだから、そのままではジャストいくつで答えは出てこない。

　しかし、学校数学では、「2乗すると2になる値は？」と聞かれたら、「だいたい1.4くらいです」ではダメで、「$\sqrt{2}$です」と言わなければならない決まりなのだ。この方法だと、微積分の本質である「近似と無視」は、理解されないまま終わってしまうだろう。

　複雑な形でも、簡単な長方形の集まりだと考えたり（積分）、関数も局所的には接線や放物線と思ってもいい（微分）という視点こそが微積分のコツである。

　重要なのは、細かいことを気にしないことなのだ。細かいことを気にせず、「関数を直線で近似すること」で容積最大のアイスクリームコーンがどんなものかわかるし、「曲線を折れ線の集まりだと思うこと」でカテナリーの長さまで計算できてしまう。全体としては難しいことでも、小さく分ければ簡単なことの積み重ねになっている。これが微積分のすごいところだ。

　じつは、これは微積分にかぎった話ではなく、数学全般にも言えることである。微積分は、この考え方がどれほど有効かを知るための格好の素材なのだ。

　実際に私たちが住んでいる世界は、近似だらけだ。無限に小さいものは存在しないし（素粒子よりは小さくできな

い)、宇宙は無限に広いわけではない。

　しかし、実際の微積分では、無限に小さい量とか、無限に大きい空間を考える。これは近似だ。素粒子の大きさを無視し、宇宙の有限性を棚上げにして果てしないと思うのは事実に反するけれど、その恩恵ははかりしれない。

　図形を細かくスライスする話から始まった微分積分の話が、ネイピア数 e、ついにはカテナリーの長さにまでたどり着いた。ここまで読んできたら、「近似と無視」の考え方などアタリマエに思えるのではないだろうか。それは大変な進歩だ。

**好奇心が正規の教育を生き延びるのは、
ある種の奇跡である。**

　　　　　　　　　　　　アルベルト・アインシュタイン

おわりに

いかがでしたか。積分から始まって、ずいぶんいろいろなことを考えてきましたね。微積分の基本は、大部分学ぶことができました。

本書は、通勤・通学電車の中でも読めるように、という思いで書かれた本です。

私自身、会社員時代には、長時間通勤のおともに新書を読みふけった思い出があります。電車で座れることなんて滅多にありませんから、紙と鉛筆は使えません。でも、頭だけは結構動かしていたんじゃないかと思います。

机に向かうだけが勉強ではないですよね。紙や鉛筆を使わなくたっていいし、寝っころがりながら本を読むのも楽しい。そんなとき、ひととおり読むだけで、肝心なことが全部わかるような本。そんな本を作れたら、と。

あなたの数学への好奇心を、少しでも元気にできたら幸せです。

最後に、講談社の篠木和久さんに感謝したいと思います。本書は、篠木さんの忍耐の賜物です。依頼を受けて、軽い気持ちで本書を書き始めましたが、専門であるがゆえ説明が難しくなりがちで、都合3回の大修正を経てようやく完成しました。途中、何度か投げ出そうと思いました

が、そのたびに、適切な助言と軽妙なユーモアで救われました。

　読者のみなさま、最後までお読みいただき、ありがとうございました。

2012年9月

神永正博

巻末注

1 本書の目的は数学史の詳細を述べることにはないので、最初に取り尽くし法を考えた人物ではなく、広く知られているアルキメデスを挙げた。取り尽くし法の起源をたどると、最古のものはアンティポンらしいが、ほとんどの人はその名を知らないだろう。

2 なお、マス目が完全に円の内側にあるものだけを数えるのか、それとも、円からはみ出していても一部が円の内側にあれば数えるのか、というとどちらでもかまわない。どちらにしても、一方に決めたら、そのやり方を変えないことが重要だ。ここでは、「円の中の方眼の個数を数える」方式でやってみた。

3 GRS80によるもっと正確な値は 1.083207×10^{12} km^3 である。

4 英語では、solid torusという。数学ではトーラス体の表面だけ考えることも多く、それは、単にトーラス(あるいはトーラス面)という。

5 計算は次のようになる。

$$\pi(4+\sqrt{4-x^2})^2 - \pi(4-\sqrt{4-x^2})^2$$
$$= \pi\{16 + 8\sqrt{4-x^2} + (\sqrt{4-x^2})^2\} - \pi\{16 - 8\sqrt{4-x^2} + (\sqrt{4-x^2})^2\}$$
$$= 16\pi\sqrt{4-x^2}$$

6 ちなみに、カラットが大きくなってくると、この公式では誤差が大きくなる。そこで、次のような価格の公式を使う。

$$y = \frac{x(x+2)}{2} \times 1カラットの価格$$

この式にしたがってダイヤモンドの価格を推定する方法をスクラウフ (Schrauff) 方式と呼ぶ。カラット数が2よりも大きくなると、2乗方式では価格が高くなりすぎる傾向がある。そこで、単に2乗するのではなく、補正するわけだ。

もっとも、6カラット、7カラットのように非常に大きいダイヤモンドは特別で、スクラウフの価格公式にもうまく乗らないらしい。

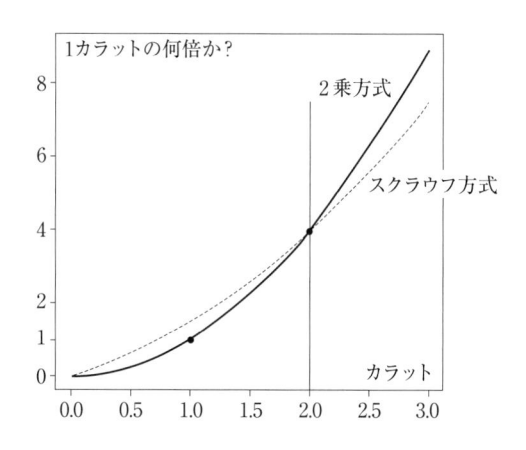

図: 1カラットの何倍か? 2乗方式とスクラウフ方式のグラフ（横軸: カラット、縦軸: 倍率）

7 興味ある人のために証明の概略を書いておく。まず、a が $\dfrac{m}{n}$ の形の分数（有理数）であるとする。すると、積の微分公式を繰り返し使って、$(x^m)' = (x^{\frac{m}{n}})' \times x^{\frac{m}{n}} \times x^{\frac{m}{n}} \times \cdots \times x^{\frac{m}{n}} + x^{\frac{m}{n}} \times (x^{\frac{m}{n}})' \times x^{\frac{m}{n}} \times \cdots \times x^{\frac{m}{n}} + \cdots + x^{\frac{m}{n}} \times x^{\frac{m}{n}} \times \cdots \times x^{\frac{m}{n}} \times (x^{\frac{m}{n}})'$ がわかるので、$mx^{m-1} = nx^{\frac{m}{n}(n-1)} \times (x^{\frac{m}{n}})'$ となることがわかる。これを $(x^{\frac{m}{n}})'$ について解けば、$(x^{\frac{m}{n}})' = \dfrac{m}{n} x^{\frac{m}{n}-1}$ となる。これはすべての分数（有理数）で言えるので、任意の実数 a に対しては a に近づく分数の列を考えて極限を取れば、$(x^a)' = ax^{a-1}$ が得られる。

8 表2では、左から順に、「…」の意味は、それぞれ、$x<-1$, $-1<x<0$, $0<x<1$, $1<x$ である。いちいち書くのはめんどうなので省略されることが多い。

9 Ⅱ は、じつはNと何の関係もなくIを2つつないだもの。IとIだからイー（Ⅱ）と発音する。

10 教科書では、大文字で、$F(x)$ のように表してから、これを積分記号で書いているが、ここでは、本質的なことではないので省略した。

11　ここでは説明をシンプルにするために2のべき乗の計算が計算機の中でどのように行われているかについては触れないが、じつは、計算機の中では対数の計算が行われている。もし、計算の方法まで気になるのなら、$\beta = -1 \pm \left(\dfrac{1}{1024}\right)$のように、2のべき乗分の1をプラスマイナスした値として、平方根を繰り返し計算する方法でもいい。その際、平方根の計算は「開平」というアルゴリズムで実行する。

12　もちろんプラスマイナスを考えなければならないが、煩雑さを避けるためここではプラスに限定して話を進めている。

13　ここでは混乱を避けるためtの値として正のものしか考えていないが、負の場合も同じ極限値に収束する。

14　$y=0$のときは0を0で割ることになって不合理だが、このときは、元の式から$x=1$であることがわかる。よってyは0でない（tも0でない）と仮定していい。

15　ここでは、$x>0$で考えている。また、厳密には、積分記号とβを-1に近づける極限の入れ替えができることを正当化しなければならないが、本書では省略する。

16　正確には$\dfrac{\Delta y}{\Delta x}$の段階でひっくり返して極限を取る。

17　$2e^x$、$3e^x$なども微分しても変わらないから、より正確には、「2倍、3倍などの定数倍を除いて」1つだけということである。

18　ひもの単位長さの質量をρ、重力加速度をg、最下点における水平方向の張力をT、とするとき、$A=\dfrac{T}{\rho g}$となる。

19　ここでは、ニュートン法と呼ばれる数値計算法を使ってAを求めた。ニュートン法は、数値解析学や数値計算法の本になら必ず載っている基本的かつ高精度な方法である。本書での計算結果は、「R」による。

20 電験3種では、電線の長さの近似式として、

$$L = 2d + \frac{4}{3d} \times たるみ^2$$

が挙げられているが、これは、たるみが小さいときの近似式で、本書で実験した例のようにたるみが大きくなると誤差が大きい。実際、実測値は44.7cmであるが、上の近似式を使うと約65.6cmになってかなり違う値になってしまう。電線の場合は、たるみを大きくすると危険なので、実験のネックレスのようにたるみを大きくしないため、この近似式が有効なのである。

21 ワイエルシュトラス関数の場合、最大値は2で、珍しく簡単に求まるが、一般には容易ではない。

22 もちろんフィルタの特性によって結果は変わる。何を言っているかわからなくなる可能性もある。

23 詳しい研究によれば、1日の終値を見るだけでなく、1時間おき、1分おき、というように時間のスケールを細かくしてもギザギザは残ることがわかっている。

24 確率微分方程式という名前だが、それは積分方程式であり、しかもその積分は、本書で考えてきたおとなしい積分ではない。

さくいん

----- 数字・アルファベット -----
2乗方式　88
d　26
e　169
lim　100
log　189
Δ　24, 26
π　26

----- あ 行 -----
アルキメデス　13
インテグラル　26
円周の長さ　151
円周率　18
円錐の体積　45
円の面積　151

----- か 行 -----
回転楕円体　35
カヴァリエリ　41
カヴァリエリの原理　42
カテナリー　198
関数の形　113
求積法　41

球の体積　55, 151
球の表面積　61, 151
極限　22
極限値　100
極小　121, 122
極小値　122
曲線の長さの公式　197
極大　121, 122
極大値　122
近似　19, 216
近似値　26
懸垂線　198

----- さ 行 -----
三角形　16
三平方の定理　57
四角錐の体積　45, 52
指数関数　187
指数関数の積分公式　193
指数関数の微分公式　193
商の微分公式　107
真の値　26
積の微分公式　102
接線　117

224

接線の傾き　117
増減表　120

────── た　行 ──────

台形　17
対数関数　189
ダイヤモンドの価格公式　87
楕円　30
楕円の面積　34
短半径　34
長半径　34
長方形　15
直積集合　73
定数関数　162
定積分　163
デルタ　24
トーラス体　67
取り尽くし法　13

────── な　行 ──────

ニュートン　13
ネイピア数　169

────── は　行 ──────

バースカラ２世　13
はさみうちの原理　20
パップス・ギュルダンの定理　81
微分可能性　210
微分積分学の基本定理　150
不定積分　163
平行四辺形　16
べき乗の積分公式　163
べき乗の微分公式　96
変曲点　128
ポアンカレ，アンリ　4

────── ま　行 ──────

無視　216

────── ら　行 ──────

ライプニッツ　26

────── わ　行 ──────

ワイエルシュトラス関数　211

N.D.C.413.3　225p　18cm

ブルーバックス　B-1786

「超」入門 微分積分
学校では教えてくれない「考え方のコツ」

2012年9月20日　第 1 刷発行
2024年2月9日　第18刷発行

著者	神永正博 (かみながまさひろ)
発行者	森田浩章
発行所	株式会社講談社
	〒112-8001 東京都文京区音羽2-12-21
電話	出版　03-5395-3524
	販売　03-5395-4415
	業務　03-5395-3615
印刷所	(本文印刷) 株式会社新藤慶昌堂
	(カバー表紙印刷) 信毎書籍印刷株式会社
本文データ制作	株式会社フレア
製本所	株式会社国宝社

定価はカバーに表示してあります。
©神永正博　2012, Printed in Japan
落丁本・乱丁本は購入書店名を明記のうえ、小社業務宛にお送りください。送料小社負担にてお取替えします。なお、この本についてのお問い合わせは、ブルーバックス宛にお願いいたします。
本書のコピー、スキャン、デジタル化等の無断複製は著作権法上での例外を除き禁じられています。本書を代行業者等の第三者に依頼してスキャンやデジタル化することはたとえ個人や家庭内の利用でも著作権法違反です。
Ⓡ〈日本複製権センター委託出版物〉複写を希望される場合は、日本複製権センター（電話03-6809-1281）の許諾を得てください。

ISBN978-4-06-257786-1

発刊のことば

科学をあなたのポケットに

二十世紀最大の特色は、それが科学時代であるということです。科学は日に日に進歩を続け、止まるところを知りません。ひと昔前の夢物語もどんどん現実化しており、今やわれわれの生活のすべてが、科学によってゆり動かされているといっても過言ではないでしょう。

そのような背景を考えれば、学者や学生はもちろん、産業人も、セールスマンも、ジャーナリストも、家庭の主婦も、みんなが科学を知らなければ、時代の流れに逆らうことになるでしょう。

ブルーバックス発刊の意義と必然性はそこにあります。このシリーズは、読む人に科学的に物を考える習慣と、科学的に物を見る目を養っていただくことを最大の目標にしています。そのためには、単に原理や法則の解説に終始するのではなくて、政治や経済など、社会科学や人文科学にも関連させて、広い視野から問題を追究していきます。科学はむずかしいという先入観を改める表現と構成、それも類書にないブルーバックスの特色であると信じます。

一九六三年九月

野間省一

ブルーバックス　数学関係書(I)

番号	タイトル	著者
116	推計学のすすめ	佐藤信
120	統計でウソをつく法	ダレル・ハフ／高木秀玄=訳
177	ゼロから無限へ	C・レイ／芹沢正三=訳
325	現代数学小事典	寺阪英孝=編
722	解ければ天才！算数100の難問・奇問	中村義作
833	虚数 i の不思議	堀場芳数
862	対数 e の不思議	堀場芳数
926	原因をさぐる統計学	豊田秀樹
1003	道具としての微分方程式	斎藤恭一
1013	自然にひそむ数学	佐藤修一
1037	マンガ 微積分入門	岡部恒治／藤岡文世=絵
1201	違いを見ぬく統計学	豊田秀樹
1243	高校数学とっておき勉強法	鍵本聡
1312	マンガ おはなし数学史	仲田紀夫=原作／柳井ケン=漫画
1332	集合とはなにか 新装版	竹内外史
1352	確率・統計であばくギャンブルのからくり	谷岡一郎
1353	算数パズル「出しっこ問題」傑作選	仲田紀夫
1366	数学版 これを英語で言えますか？	保江邦夫=監修／E・ネルソン=著
1383	高校数学でわかるマクスウェル方程式	竹内淳
1386	素数入門	芹沢正三
1407	入試数学 伝説の良問100	安田亨
1419	パズルでひらめく 補助線の幾何学	中村義作
1433	数学21世紀の7大難問	中村亨
1453	大人のための算数練習帳	佐藤恒雄
1479	大人のための算数練習帳 図形問題編	佐藤恒雄
1490	なるほど高校数学 三角関数の物語	原岡喜重
1493	暗号の数理 改訂新版	一松信
1536	計算力を強くする	鍵本聡
1547	広中杯 ハイレベル 算数オリンピック委員会=監修／中学数学に挑戦 青木亮二=解説
1557	やさしい統計入門	柳井晴夫／C・R・ラオ
1595	計算力を強くするpart2	鍵本聡
1598	なるほど高校数学 ベクトルの物語	原岡喜重
1606	関数とはなんだろう	山根英司
1619	離散数学「数え上げ理論」	野﨑昭弘
1620	高校数学でわかるボルツマンの原理	竹内淳
1629	計算力を強くする 完全ドリル	鍵本聡
1657	高校数学でわかるフーリエ変換	竹内淳
1677	高校数学の教科書（上）	芳沢光雄
1678	新体系 高校数学の教科書（下）	芳沢光雄
1684	ガロアの群論	中村亨

ブルーバックス　数学関係書(Ⅱ)

- 1704 高校数学でわかる線形代数　竹内淳
- 1724 ウソを見破る統計学　神永正博
- 1738 物理数学の直観的方法（普及版）　長沼伸一郎
- 1740 マンガで読む　計算力を強くする　がそんみは"マンガ"銀太"は"構成／清水健一
- 1743 大学入試問題で語る数論の世界　清水健一
- 1757 マンガ　中学数学でわかる統計学　竹内淳
- 1764 新体系　中学数学の教科書（上）　芳沢光雄
- 1765 新体系　中学数学の教科書（下）　芳沢光雄
- 1770 連分数のふしぎ　木村俊一
- 1782 はじめてのゲーム理論　川越敏司
- 1784 確率・統計でわかる「金融リスク」のからくり　吉本佳生
- 1786「超」入門　微分積分　神永正博
- 1788 複素数とはなにか　示野信一
- 1795 シャノンの情報理論入門　高岡詠子
- 1808 算数オリンピックに挑戦 '08～'12年度版　算数オリンピック委員会編
- 1810 不完全性定理とはなにか　竹内薫
- 1818 オイラーの公式がわかる　原岡喜重
- 1819 世界は2乗でできている　小島寛之
- 1822 マンガ　線形代数入門　鍵本聡"原作／北垣絵美"漫画
- 1823 三角形の七不思議　細矢治夫
- 1828 リーマン予想とはなにか　中村亨

- 1833 超絶難問論理パズル　小野田博一
- 1841 難関入試 算数速攻術　中川塁／松島りつこ"画
- 1851 チューリングの計算理論入門　高岡詠子
- 1880 非ユークリッド幾何の世界　新装版　寺阪英孝
- 1888 直感を裏切る数学　神永正博
- 1890 ようこそ「多変量解析」クラブへ　小野田博一
- 1893 逆問題の考え方　上村豊
- 1897 算法勝負！「江戸の数学」に挑戦　山根誠司
- 1906 ロジックの世界　ダン・クライアン／シャロン・シュアティル／ビル・メイブリン"絵／田中一之"訳
- 1907 素数が奏でる物語　西来路文朗／清水健一
- 1917 群論入門　芳沢光雄
- 1921 数学ロングトレイル「大学への数学」に挑戦　山下光雄
- 1927 確率を攻略する　小島寛之
- 1933「P≠NP」問題　野崎昭弘
- 1941 数学ロングトレイル「大学への数学」に挑戦　ベクトル編　山下光雄
- 1942 数学ロングトレイル「大学への数学」に挑戦　関数編　山下光雄
- 1961 曲線の秘密　松下泰雄
- 1967 世の中の真実がわかる「確率」入門　小林道正

ブルーバックス　数学関係書（III）

番号	書名	著者
1968	脳・心・人工知能	甘利俊一
1969	四色問題	一松 信
1984	経済数学の直観的方法 マクロ経済学編	長沼伸一郎
1985	経済数学の直観的方法 確率・統計編	長沼伸一郎
1998	結果から原因を推理する「超」入門ベイズ統計	石村貞夫
2001	人工知能はいかにして強くなるのか？	小野田博一
2003	曲がった空間の幾何学	宮岡礼子
2023	素数はめぐる	西来路文朗/清水健一
2033	ひらめきを生む「算数」思考術	安藤久雄
2035	現代暗号入門	神永正博
2036	美しすぎる「数」の世界	清水健一
2043	理系のための微分・積分復習帳	竹内 淳
2046	方程式のガロア群	金 重明
2059	離散数学「ものを分ける理論」	徳田雄洋
2065	学問の発見	広中平祐
2069	今日から使える微分方程式 普及版	飽本一裕
2079	はじめての解析学	原岡喜重
2081	今日から使える物理数学 普及版	岸野正剛
2085	今日から使える統計解析 普及版	大村 平
2092	いやでも数学が面白くなる	志村史夫
2093	今日から使えるフーリエ変換 普及版	三谷政昭
2098	高校数学でわかる複素関数	竹内 淳
2104	トポロジー入門	都築卓司
2107	数学にとって証明とはなにか	瀬山士郎
2110	高次元空間を見る方法	小笠英志
2114	数の概念	高木貞治
2118	道具としての微分方程式 偏微分編	斎藤恭一
2121	離散数学入門	芳沢光雄
2126	数の中の無限	松岡 学
2137	有限の中の無限	西来路文朗/清水健一
2141	今日から使える微積分 普及版	大村 平
2147	円周率πの世界	柳谷 晃
2153	多角形と多面体	日比孝之
2160	多様体とは何か	小笠英志
2161	なっとくする数学記号	黒木哲徳
2167	三体問題	浅田秀樹
2168	大学入試数学 不朽の名問100	鈴木貫太郎
2171	四角形の七不思議	細矢治夫
2178	数式図鑑	横山明日希
2179	数学とはどんな学問か？	津田一郎
2182	マンガ 一晩でわかる中学数学	端野洋子
2188	世界は「e」でできている	金 重明

ブルーバックス

ブルーバックス発の新サイトがオープンしました！

・書き下ろしの科学読み物

・編集部発のニュース

・動画やサンプルプログラムなどの特別付録

ブルーバックスに関する
あらゆる情報の発信基地です。
ぜひ定期的にご覧ください。

ブルーバックス　検索

http://bluebacks.kodansha.co.jp/